本书编写组

主　编：马　扬
副主编：徐治国　贾宝余
成　员：马　扬　何　林　徐治国　贾宝余
　　　　陈朝晖　郭金海　陈　朴　史晓雷
　　　　郑康妮　周文晴

弘扬科学家精神

中国著名科学家的实践与思考

本书编写组 / 编

支持单位 / 学习强国 xuexi.cn

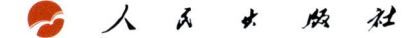

人民出版社

选题策划：刘志宏
责任编辑：刘志宏
插图绘画：李世刚　李世东
装帧设计：汪　阳

图书在版编目（CIP）数据

弘扬科学家精神：中国著名科学家的实践与思考 / 本书编写组 编 . —北京：人民出版社，2024.1（2025.1 重印）
ISBN 978 – 7 – 01 – 026055 – 6

I. ①弘…　II. ①本…　III. ①科学精神 – 中国 – 学习参考资料　IV. ① G322

中国国家版本馆 CIP 数据核字（2023）第 202200 号

弘扬科学家精神
HONGYANG KEXUEJIA JINGSHEN
——中国著名科学家的实践与思考

本书编写组　编

人民出版社 出版发行
（100706 北京市东城区隆福寺街 99 号）

北京中科印刷有限公司印刷　新华书店经销

2024 年 1 月第 1 版　2025 年 1 月北京第 5 次印刷
开本：710 毫米 × 1000 毫米 1/16　印张：19.25
字数：284 千字

ISBN 978 – 7 – 01 – 026055 – 6　定价：84.00 元

邮购地址 100706　北京市东城区隆福寺街 99 号
人民东方图书销售中心　电话（010）65250042　65289539

版权所有·侵权必究
凡购买本社图书，如有印制质量问题，我社负责调换。
服务电话：（010）65250042

大力弘扬科学家精神
加快实现高水平科技自立自强
（代序）

科学成就离不开精神支撑。科学家精神是科技工作者在长期科学实践中积累的宝贵精神财富。2019年6月，中共中央办公厅、国务院办公厅印发了《关于进一步弘扬科学家精神加强作风和学风建设的意见》，要求大力弘扬胸怀祖国、服务人民的爱国精神，勇攀高峰、敢为人先的创新精神，追求真理、严谨治学的求实精神，淡泊名利、潜心研究的奉献精神，集智攻关、团结协作的协同精神，甘为人梯、奖掖后学的育人精神。

一、科学家精神的源流和老一辈科学家的实践

科学家精神是科学精神在科学家群体身上的投射，具有鲜明的主体性、人格性、群体性。自19世纪末以来，我国的一批仁人志士主张迅速发展科学、弘扬科学精神。孙中山提出，知识"从科学而来"。陈独秀说："科学与民主，是人类社会进步之两大主要动力。"1916年，学者任鸿隽发表《科学精神论》一文，在中国最早提出"科学精神"概念。1941年，气象学家竺可桢在《科学之方法与精神》一文中指出："近代科学的目标是什么？就是探求真理。科学方法可以随时随地而改换，这科学目标，蕲求真理也就是科学的精神，是永远不改变的。"[①] 新中国成立以来，我国科学技术得到长足发展，科技在经济社会发展中的作用更加凸显，全社会兴

---

① 刘大椿：《论科学精神》，《求是》2019年第9期。

起普及科学知识、传播科学思想、倡导科学方法的高潮，科学精神得到广泛关注。老一辈科学家求真务实、报国为民、无私奉献的爱国情怀和高尚品格，是新时代广大科技工作者攻坚克难、勇攀高峰的强大动力源和精神营养剂。

胸怀祖国、服务人民的爱国精神。爱国精神是中国科学家精神之魂。1956年，空气动力学家钱学森在《写给郭永怀的两封信》中，对尚滞留美国的郭永怀发出了"快来、快来！"的呼唤，并认为"这里的工作，不论在目标、内容和条件方面都是世界先进水平。这里才是真正科学工作者的乐园！"提出"请兄多带几个人回来"的重托。20世纪80年代初，我国科技经历了"向科学技术进军"的发展后，迎来了"科学的春天"，钱学森在《写在〈郭永怀文集〉的后面》一文中，回忆了归国以来的经历，认为"郭永怀同志对发展我国核武器是有很大的贡献的""由于郭永怀同志的这些贡献，我想人民是感谢他的。人民感谢郭永怀同志！作为我们国家的一个科学技术工作者，作为一个共产党员，活着的目的就是为人民服务，而人民的感谢就是一生中最好的评价！"科技发展关乎国家命运。科学没有国界，科学家有祖国。从"西学东渐"的迷思到"西学东源"的彷徨，从"徐图自强"的努力到"科学救国"的觉醒，从"科教兴国"的追赶到"科技强国"的信念，我国科技发展始终浸润着一代代科学家的心血和汗水，也体现着一代代科学家的智慧和精神。新时代科技工作者应把满足国家需求和人民需要作为科技工作的出发点，时刻从国家需要、国家发展的角度审视自身研究的意义和价值，想国家之所想、急国家之所急，通过发展科技夯实党执政兴国的物质和技术基础，为实现"两个一百年"奋斗目标提供坚强科技支撑。

勇攀高峰、敢为人先的创新精神。创新精神是中国科学家精神之要。半导体物理学家黄昆在《关键要敢于和善于创新》一文中说："回顾半个多世纪的科研经历，我深深体会到：科学研究贵在创新，要做到'三个善于'，即善于发现和提出问题，善于提出模型或方法去解决问题，善于作出最重要、最有意义的结论。其中最关键的是善于抓住机遇，发现和提出问题。"发现和提出问题，一方面要从学科内部不同观点的冲突和矛盾中寻找突破，另一方面要从生产需求和技术配套的链条中寻找线索。黄昆院士的"三个善于"是创新之道的高度凝练。创新是引领发展的第一动力，是科技进步的本质要求。开创领域的工作是最重要的创新，是"创新的创新"。这就要加强对关系根本和全局的科学问题的研究部署，遵循基础研究和工程技术不同的发展规律和路径。科学家和科技工作者敢于提出新理论、开辟新领域、探寻新路径，在研究对象和方法上努力做到"非对称"，在独创独有上下功夫，推动我国科技发展实现从"追随者""复制者"向"原创者""引领者"的根本性转变。

追求真理、严谨治学的求实精神。求实精神是中国科学家精神之本。早在1916年，时任中国科学社社长任鸿隽发表在《科学》杂志的《科学精神论》一文开宗明义，"科学精神者何？求真理是已"。任鸿隽还总结了科学精神的5个特征：崇实、贵确、察微、慎断、存疑。他说，如果再加上不怕困难、不为利诱等品德，就更完备了。他认为当时的中国学界有四大弊病：材料偏而不全，研究虚而不实，方法疏而不精，结论乱而不秩。任鸿隽的这些判断，在百余年后的今天依然振聋发聩。"龙芯"首席科学家胡伟武在《创新文化就是求实文化》中说："创新的目的是什么？自主创新的根本任务是促进经济社会发展，科研的目的归根到底是为国家经济社会发展服务。"求真务实是科技工作者的精神底色。在新时代发扬求实精神，就要坚持创新为民的科技价值观，把热爱科学、探求真理作为毕生追求，坚持解放思想、独立思辨、理性质疑，大胆假设、认真求证，坚持立德为先、诚信为本，坚守科研诚信的底线，让成果落地生根，把论文写在祖国大地上，在加快关键核心技术攻坚中勇于担当。

淡泊名利、潜心研究的奉献精神。奉献精神是中国科学家精神之基。核物理学家邓稼先和诺贝尔物理学奖获得者杨振宁两人是"50年的友谊，亲如兄弟"，杨振宁在《没有任何外国人参加——追忆两弹元勋邓稼先》一文中写道：在20世纪人类历史上，"中国人站起来了"可能是最重要、影响最深远的巨大转变。对这一巨大转变作出了巨大贡献的有一位长期以来鲜为人知的科学家：邓稼先。他认为，邓稼先是一个最不引人注目的人物。在我所认识的知识分子当中，包括中国人和外国人，他是最有中国农民的朴实气质的人。我想邓稼先的气质和品格是他所以能成功地领导许许多多各阶层工作者为中华民族作了历史性贡献的原因：人们知道他没有私心，人们绝对相信他。邓稼先逝世以后，杨振宁在给他夫人许鹿希的电报中写道："稼先为人忠诚纯正，是我最敬爱的挚友。他的无私的精神与巨大的贡献是你的也是我的永恒的骄傲。"科技创新是具有高度"正外部性"的活动，每一项重要成果诞生后，在丰富原有理论体系、提升技术配套能力、生产效益和国家整体实力的同时，必然促进社会整体福利的提升。与此同时，作为创新主体的科学家，在这一过程中收获的"名利"必然是有限的。当前的形势，急需科学家静心笃志、心无旁骛、力戒浮躁、甘坐"冷板凳"、肯下"数十年磨一剑"的苦功夫，能够"沉住气""静下来""钻进去"，瞄准世界一流，解决实际问题，力争实现关键核心技术自主可控，把创新主动权、发展主动权牢牢掌握在自己手中。

集智攻关、团结协作的协同精神。协同精神是中国科学家精神之根。树高叶茂，系于根深。新中国成立初期，气象学家竺可桢在《中国科学的新方向》一文中说："为谋达到给人民谋福利起见，我们新中国发展科学的道路将朝哪方向走呢？第一我们必得使理论与实际配合，使科学能为工农大众服务。第二我们必须群策群力用集体的力量来解决眼前最迫切而最重大的问题。第三大量培植科学人才以预备建设未来的新中国。"竺可桢这里所述的"中国科学的新方向"，事实上就是通过发展科学技术促进国家建设，这是"向科学技术进军"的历史先声。不同创新主体之间的协同合作，是科技创新行稳致远的必然要求，是建设国家创新生态系统的必由之路。发扬协同精神、促进协同创新，要优化创新体系的顶层设计和统筹协调，避免简单的大拼盘、"拉郎配"；要推进不同创新主体之间的优势互补，打造"长板"，弥补"短板"，强化跨界融合思维，倡导团队精神，坚持全球视野，加强国际合作，打破"孤岛效应"，避免"谷仓式""烟囱式"科研组织模式；要建立协同攻关、跨界协作机制，创造条件使不同创新主体之间发生"物理碰撞"和"化学反应",促进学科交叉融合。

甘为人梯、奖掖后学的育人精神。育人精神是中国科学家精神之源。数学家华罗庚曾说:"人有两个肩膀,我要让双肩都发挥作用。一肩挑起'送货上门'的担子,把科学知识和科学方法送到工农群众中去;一肩当做'人梯',让年轻一代搭着我的肩膀攀登科学的更高一层山峰,然后让青年们放下绳子,拉我上去再做人梯。"这是他作为优秀教育家的真实写照。数学家苏步青倡导并实现了"培养学生超过自己"的目标,被称为"苏步青效应"。汉字激光照排系统创始人王选说:"希望我国能出现一大批'苏步青效应'"。科技创新是一代又一代人的接力赛,科学后备人才的培养是科技事业持续发展的基础。对年轻人的关心和栽培,是每一代科学家肩负的重要使命。家有"家风",校有"校风",同一师门中也有"门风"。在科学界,一代又一代科学家之间传递的不仅有知识、方法,更有精神和"门风"。这就要求科学家以欣赏、宽容和发展的眼光看待年轻人,多做点拨、助力和引导,善于发现培养青年科技人才,敢于放手、支持其在重大科研任务中"挑大梁",甘做致力提携后学的"铺路石"和领路人。①

二、中国科学院弘扬新时代科学家精神的实践和成效

1949年11月,中国科学院成立。七十余年来,中国科学院几代科学家求真务实、报国为民、无私奉献的先进事迹充分展现出我国广大知识分子的爱国情怀和高尚品格。七十余年来,在党的坚强领导下,中国科学院形成了"科学、民主、爱国、奉献"的光荣传统、"唯实、求真、协力、创新"的优良院风、"创新科技、服务国家、造福人民"的科技价值观,建成独具特色的科技创新文化,这些宝贵的精神财富凝结成为追求真理、勇攀高峰,服务国家、造福人民,自强不息、艰苦奋斗,淡泊名利、团结协作,实事求是、科学严谨的科学院精神。

---

① 贾宝余:《弘扬老一辈科学家精神》,《学习时报》2020年9月16日。

党的十八大以来，中国科学院认真学习贯彻习近平总书记的重要指示批示精神，充分认识到弘扬科学家精神、加强作风学风建设在科技创新和重大科研任务攻关中的重要性和必要性，扎实推动弘扬科学家精神各项举措落地见效。

加强顶层设计，做好弘扬科学家精神的统筹安排。2019年9月，中国科学院党组召开全院弘扬科学家精神、加强作风学风建设视频会议，就全院大力弘扬新时代科学家精神、加强作风和学风建设提出要求，指导相关单位和部门将加强作风学风建设列入《中共中国科学院党组落实全面从严治党主体责任的责任清单》。制定院属各单位和院机关各部门贯彻实施《关于进一步弘扬科学家精神加强作风和学风建设的意见》分工方案，要求各分院分党组、院属各单位党委、院机关各党组织要充分发挥领导作用，切实履行主体责任，确保各项举措真正落地见效。2019年9月17日，中国科学院联合国家自然科学基金委，召开"弘扬科学家精神、树立良好作风学风"座谈会，发布《弘扬科学家精神、树立良好作风学风》倡议书》，短短2天时间已有4万人次响应联署并转发，在科技人员特别是青年科技骨干中产生了积极影响。各分院、各单位按照院党组指示，积极开展自身工作。北京地区研究所开展"弘扬科学家精神"系列活动，通过讲座、诵读、撰写读后感等形式开展弘扬科学家精神的各项活动，取得良好效果。

加大实践力度，推动原始创新和关键核心技术攻坚。弘扬科学家精神，基础是传承，关键在行动。中国科学院广大干部职工深入贯彻落实习近平总书记"三个面向""四个率先"要求，扎实推进"率先行动"计划，攻坚克难、勇攀高峰，产出了一批高水平、有重大影响的创新成果。2020年8月，北斗卫星导航系统正式宣布"北斗三号"系统工程提前半年完成全球星座部署，老中青三代中国科学院空间行波管及放大器科研团队以国家需求为己任，突破了EPC关键电路和工艺技术，实现国产化替代，为北斗工程设定"自主可控、异构备份"的国产化战略的顺利实施作出了应有的贡献。2020年底，"嫦娥五号"任务圆满成功，标志着探月工程"绕、落、回"三步走规划圆满收官。中国科学院为探月工程地面应用系统、有效载荷、工程配套载荷等的研制和运行提供了全方位、强有力的技术保障。在有效载荷研制中，国家天文台研制的月基光学望远镜，开创了国际上首次在月面开展天文研究的新领域；长春光学精密机械与物理研究所研制的极紫外相机，在国际上首次实现了在月面对地球等离子体层进行观测；原电子学研究所（现为空天信息创新研究院）研制的测月雷达，集合其他成果在国际上首次建立集形貌、成分、结构于一体的综合性观测剖面。为解决材料的耐腐蚀性问题，中国科学院金属研究所十年磨一剑，研制出镁合金表面防腐导电功能一体化涂层，并不断优化提升此项技术，为"嫦娥三号""嫦娥四号""嫦娥五号"顺利发射保驾护航……这些成就的取得离不开爱国、创新、求实、奉献、协同、育人的新时代科学家精神的支撑。

创建教育基地，继承老一辈科学家精神。中国科学院于2018年7月启动"讲爱国奉献，当时代先锋"主题活动，建设了一批特色鲜明、主题突出、实用管用的党员主题教育基地，大力弘扬我院老一辈科学家对党忠诚、爱国奉献的家国情怀，充分发挥新时代先进榜样典型示范带动作用，引导党员干部坚定理想信念、锤炼坚强党性，引导全院干部职工自觉弘扬践行爱国奋斗精神，建功立业新时代。基地建设中深入学习习近平总书记关于弘扬爱国奋斗精神的重要指示，深入贯彻习近平总书记关于科技创新的重要论述，突出思想政治引领，引导广大科技人员自觉践行爱国奋斗精神。提炼基地的特色主题和时代内涵，突出爱国血脉传承，突出时代使命感召，突出贴近科研实际，打造特色鲜明的系列品牌。持续开展内容丰富、形式多样、特色鲜明的主题示范活动和主题党日活动，着力提高主题教育的针对性、实效性和感染力、穿透力。截至2020年12月，已在全国建设了20个党员主题教育基地，挖掘整理了130余位老一辈科学家先进事迹近200篇，接待10多万人次参观学习，教育引领作用明显。

选树先进典型，弘扬新时代科学家精神。中国科学院于2018年5月开展"一所一人一事"先进事迹征集评选活动。在"一所一人一事"活动基础上，评选产生中国科学院年度人物和年度团队。此项工作自2018年开始以来，已经举办三届，共评选出 18 位年度人物和 6 个年度团队。通过举办科技价值观报告会，引导广大干部职工，特别是青年科技工作者和学生坚定理想信念，践行我院"创新科技、服务国家、造福人民"的科技价值观，弘扬新时代科学家精神，把个人理想自觉融入国家发展伟业。推动中国科大、国科大党委在开学第一课和思政课中加入弘扬科学家精神和学风作风建设内容。自 2018 年起，中国科学院科技创新发展中心联合"学习强国"平台，先后开展两季"率先行动故事汇"微视频展示活动，得到 40 余家基层单位积极响应，两季共发布微视频作品 122 件，并陆续在"学习强国"平台进行展示。中国科学院文联于 2019 年启动《科技脊梁》系列影视短片项目，第一部作品《郭永怀》于 2019 年制作完成，《蔡希陶》和《秉志》两部影视短片也于 2021 年制作完成。

创新活动方式，开展喜闻乐见的主题教育。2020 年由中共中央宣传部"学习强国"学习平台和中国科学院科技创新发展中心联合主办的"诵读科学经典 弘扬科学精神"活动，旨在激励引导广大科技工作者传承好老一辈科学家精神，不忘初心、牢记使命，大力弘扬爱国、创新、求实、奉献、协同、育人的新时代科学家精神，把论文写在祖国大地上，彰显国家战略科技力量的社会责任。北京地区 800 余个基层党支部踊跃参加活动，共有 170 余篇经典文章诵读音频在"学习强国"平台发布。这些文章由研究所领导、中青年科研骨干、管理人员和院朗诵艺术团成员诵读，主要反映诺贝尔奖得主、"两弹一星功勋奖章"获得者、国家最高科技奖获得者、"人民科学家"等国家荣誉称号获得者、新中国主要学科的奠基人、德高望重的"两院"院士及当代知名科学家的科学人生和科学精神。自 2018 年到 2020 年，由中国科学院科技创新发展中心发起的"科学传播月"活动已成功举办三届。该活动以"弘扬科学精神、走进科学世界"为主旨，通过研究所开放、大手拉小手科普进课堂、科普短剧等极具鲜明特色的科普工作，不断满足人民日益增长的科普需求。

加强学风建设，营造风清气正的科研环境。2019 年，发布《中共中国科学院党组贯彻落实〈关于进一步加强科研诚信建设的若干意见〉的实施办法（试行）》，就构建责任体系、强化流程管理、教育先行、严肃查处科研不端行为作出具体安排。构建院、分院、院属单位三级科研诚信管理体系。同时，完善在项目评审、人才评价、机构评估中的科研诚信审核程序。依托三级管理体系，中国科学院开展了针对不同人员、不同层级、不同角度的专项培训。如中国科学院针对管理人员定期举办科研诚信专题建设培训班。2020年之后，结合疫情防控要求，积极开展线上与线下相结合的专题培训。通过培训，解读政策、剖析不端案例、促进各单位交流，取得良好成效。通过上述举措，中国科学院扎实推进科研诚信工作，为全院各单位营造诚实守信、追求真理、崇尚创新、鼓励探索、勇攀高峰的良好科研氛围，为弘扬"唯实、求真、协力、创新"的院风打下良好基础。

三、弘扬新时代科学家精神面临的形势与挑战

新时代铸就新伟业，新伟业呼唤新精神。为研究分析当前和今后一个时期中国科学院在弘扬科学家精神方面的对策和举措，课题组开展了问卷调查活动。活动采用网上问卷调查的方式，参与对象主要为中国科学院北京地区各单位领导、中青年科研人员、管理人员、青年学生等，共收到有效问卷1469份。其中，45周岁以下人员占比达86.3%；科研岗位和学生人员占比为72.2%。本次问卷调查结果较为清晰地反映了不同年龄层、不同岗位的科技工作者对于弘扬"科学家精神"的关注程度和观点，为本课题的研究提供了有力的数据支撑。

建设世界科技强国，实现高水平科技自立自强的新使命。当前我国经济社会发展进入了一个关键时期，建设世界科技强国，实现科技自立自强需要强大的科技力量支撑。习近平总书记指出："现在，我国经济社会发展和民生改善比过去任何时候都更加需要科学技术解决方案，都更加需要增强创新这个第一动力。同时，在激烈的国际竞争面前，在单边主义、保护主义上升的大背景下，我们必须走出适合国情的创新路子，特别是要把原始创新能力提升摆在更加突出的位置，努力实现更多'从0到1'的突

破。希望广大科学家和科技工作者肩负起历史责任,坚持面向世界科技前沿、面向经济主战场、面向国家重大需求、面向人民生命健康,不断向科学技术广度和深度进军。"[①] 调查显示,89.4%的受访者认为,面对"建设世界科技强国,实现科技自立自强"的新使命,弘扬科学家精神尤为必要。在这一背景下,需要大力弘扬科学家精神,引导和激励科技工作者争做科技创新的创造者、建设科技强国的奉献者,为建设世界科技强国汇聚磅礴力量。

落实"四个率先""两加快一努力"的新要求。中国科学院当前正以习近平新时代中国特色社会主义思想为指导,坚守国家战略科技力量的使命定位,落实"四个率先""两加快一努力"要求,努力在创新产出、科研布局、创新生态、人才队伍、治理体系和开放合作等方面实现转变,为建设创新型国家和世界科技强国作出重大贡献。调查发现,大部分科研人员能秉持国家利益和人民利益至上的爱国情怀,把自己的追求跟国家需求相结合。62.2%的受访者认为,落实好"四个率先""两加快一努力"要求,"要做强'长板',发挥特色优势,满足国家重大需求",有36.4%的受访者选择了"国家需求与个人兴趣相结合",仅有1.4%的受访者选择了"以个人兴趣为主开展研究"。在面对重大原始创新需求时,75.1%的受访者选择了"聚焦重大需求,敢闯'无人区',甘坐'冷板凳'"。作为国家战略科技力量,中国科学院广大的科研工作者需担当"国家队"、做好"国家人",心系"国家事"、肩扛"国家责",主动肩负起时代和人民赋予的科技创新重任。

在科技攻关中践行新时代科学家精神的新任务。新时代科技工作者弘扬科学家精神的关键,在于传承好老一辈科学家精神,爱国奋斗、敢为人先、求真务实,敢于提出新理论、开辟新领域、探索新路径,在原始创新和关键核心技术攻坚中取得新突破。在传承老一辈科学家精神方面,64%的受访者认为其所在单位或系统的知名科学家的精神在中青年科技工作者

---

① 习近平:《在科学家座谈会上的讲话》,人民出版社2020年版,第4页。

中"有良好传承",认为"部分传承"的占比为33.7%。问及"当前在弘扬和践行科学家精神方面面临哪些困难",高达82.1%的受访者认为,随着社会快速变化,中青年科技工作者面临一系列家庭和生活压力,存在精力分散或"有心无力"现象;71%的受访者认为在"敢闯'无人区'、勇攀科技高峰"方面,得不到稳定有效的支持,无法长期专注于创新研究;64.9%的受访者认为,受评价体系和社会功利思想的影响,做到潜心致研、严谨治学存在困难;38.4%的受访者认为,"人"自为战、"组"自为战、缺少团结协作。当前,中国科学院弘扬科学家精神,需立足国家战略科技力量这个基本定位,抓住中青年科技工作者这个主体,抓好实践这个关键环节,抓实勇于创新、敢于创造这个核心,进一步引导科技工作者结合科研实际,秉持国家利益和人民利益至上,主动肩负起历史重任,把自己的科学追求融入全面建设社会主义现代化国家的伟大事业中去。

媒介生态格局和公众认知习惯变化的新环境。激发全社会的创新创造活力,形成尊重知识、崇尚创新、尊重人才、热爱科学、献身科学的浓厚氛围,是弘扬科学家精神的一项重要任务。随着时代变化特别是信息技术的发展,媒介生态格局和公众认知习惯发生了重大变化,微信、微博、抖音、B站等新媒介已成为大众生活的一部分,新兴的网络新媒体取代传统媒体成为人们的重要信息获取平台,受众的主体意识、求真心理、选择心理、求新心理、娱乐心理明显增强。第十七次全国国民阅读调查显示,2019年,我国成年国民对包括书报刊和数字出版物在内的各种媒介的综合阅读率为81.1%,同比提升了0.3%;数字化阅读方式(网络在线阅读、手机阅读、电子阅读器阅读、平板阅读等)的接触率为79.3%,同比上升3.1%。2019年,我国成年国民上网率为81.1%,同比增加2.7%,近八成国民通过手机上网。调查显示,在每天使用网络时长和手机视频软件时长方面,有85.41%的受访者每天使用网络的时长超过2小时,有近半数的受访者每天观看手机视频软件的时长在1小时以上;在平时关注的媒体平台方面,关注B站、抖音等网络新媒体平台的受访者,占比高达94.5%。在全社会弘扬科学家精神,需要适应媒介生态格局和公众认知习惯的变化，创新载体和方式，提高弘扬科学家精神工作的实效。

做好弘扬科学家精神统筹设计的新挑战。弘扬新时代科学家精神，需要营造良好的学术氛围，建设健康的科研生态，这就需要做好顶层设计，需要各有关部门、科研机构、大学、科学共同体等相关机构统筹协调、开拓渠道，转变工作模式和方法，需要科研人员和社会各界大众积极参与。在目前的网络新媒体时代，一些自媒体占领大量网络资源，普通大众特别是年轻人将更多的关注集中在娱乐性更强、能够高度博眼球的信息资讯上。与网络流行的媒体内容相比，"科学家精神"的相关报道内容相对单一、枯燥，吸引力度不够强，因此大众很难主动去接收"科学家精神"讯息。对于青年学生群体，"明星的影响力大还是科学家的影响力大？"调查结果显示，仅有 12.3% 的受访者认为"科学家的影响力比明星的影响力要大"。实际情况也确实如此，某些新媒体平台上满屏充斥着明星和网红，还有很多假借科普名头传播大量低质、劣质的短视频和消息。因此，亟须大力弘扬新时代科学家精神，积极引导社会大众及科技工作者树立正确的价值导向，接力科学家精神火炬。如何创新载体提高大众群体的网络点击率和吸引力，这是弘扬科学家精神面临的新挑战。

四、大力弘扬科学家精神，加快实现高水平科技自立自强

当前，世界正处于百年未有之大变局，国内正处在转变发展方式、优化经济结构、转换增长动力的攻关期。强化国家战略科技力量，不仅需要人力、资金、设备设施的物质投入，同样也需要信仰、信念和信心的精神支撑。过去一段时间，在科技人力资源、科学基础设施、科技研发投入等创新要素从短缺走向丰裕的情境下，科技领域一度客观上存在的"钢多气少"现象，成为科技创新的短板和制约因素。要大力弘扬科学家精神，助力实现科技自立自强。

厚植爱国情怀，结合党史学习教育传承老一辈科学家精神。2021 年是中国共产党建党 100 周年，全党集中开展党史学习教育。学史明理、学

史增信、学史崇德、学史力行,学习历史是为了更好走向未来。我国科技事业取得的历史性成就,是在党的坚强领导下,一代又一代矢志报国的科学家前赴后继、筚路蓝缕的结果。为了国家富强,他们选择上高原、进沙漠、踏海浪,与炎炎烈日、凛冽风沙为伴,让中华民族屹立于世界民族之林;为了理想信念,他们选择隐姓埋名、风餐露宿、日夜兼程,把生命置于危险之中,把国家置于安全之地。老一辈科学家将科学发展与国家命运紧密相连,在科学救国、科技报国、科技兴国、科技强国的伟大历史进程中发挥了"科技脊梁""大国工匠"作用。老一辈科学家的精神跨越时空、永不过时。党领导下的新中国的科技发展史是党史不可分割的一部分。对于中国科学院新时代科技工作者而言,在党史学习教育中,要把学习领会党领导我国科技事业创造辉煌成就的历程、我国科技事业改革发展的宝贵经验和科技界创造的伟大精神融入学党史的全过程,认真学习党总揽全局、全面领导我国科技事业快速发展、开展科技体制改革、建设创新型国家、迈向世界科技强国的辉煌历史;认真学习在党的正确领导下,中国科学院作为国家战略科技力量,在科技创新事业中践行初心使命的光荣历史;认真学习老一辈科学家听党指挥、求真务实、报国为民、无私奉献的爱国情怀和高尚品格,不断增强创新信心,在新时代科技创新伟大实践中不断书写新的精神史诗。

强化创新信心,在实现"两加快一努力"中践行科学家精神。习近平总书记致信祝贺中国科学院建院70周年指出:"当今世界,创新是引领发展的第一动力。希望中国科学院不忘初心、牢记使命,抢抓战略机遇,勇立改革潮头,勇攀科技高峰,加快打造原始创新策源地,加快突破关键核心技术,努力抢占科技制高点,为把我国建设成为世界科技强国作出新的更大的贡献。"[1]习近平总书记的贺信为中国科学院的未来发展指明了方向。"两加快一努力"是习近平总书记和党中央对中国科学院提出的殷切期望,是当前和今后一个时期中国科学院工作的重中之重,是实现"四个

---

[1]《习近平书信选集》第一卷,中央文献出版社2022年版,第253页。

率先"这一目标的重要途径和必然要求。要推动实现"两加快一努力"，必须坚定敢为天下先的自信和勇气，面向世界科技前沿、面向经济主战场、面向国家重大需求、面向人民生命健康，抢占科技竞争和未来发展制高点。首先，加快打造原始创新策源地，科技工作者要发扬创新精神，开动脑筋去积极探索未知而不是赶潮流跟风，"想别人没有想到的东西，说别人没有说过的话"[1]，注重直觉突破式创新在原始创新中的源头作用[2]，敢于提出新理论、开辟新领域、探寻新路径，实现"从0到1"的突破、从"追赶"到"创造"的转型。其次，加快突破关键核心技术，要坚持问题导向、需求导向，有效引导创新者的好奇心，开展"有组织的创新"[3]，及时围绕国家战略和重大需求确定重大创新方向，强化跨界融合思维，倡导团队精神，建立协同攻关、跨界协作机制，将科学发现和创新成果及时转化为社会效益，在解决受制于人的重大瓶颈问题上强化担当作为。最后，努力抢占科技制高点，要在基础研究中发挥中坚作用，在关键核心技术攻关中发挥生力军作用，在深化科技体制改革中发挥带头作用，在培养造就高水平科技人才方面发挥高地作用，在弘扬科学家精神方面发挥表率作用。

培育创新沃土，结合科普工作实践在全社会弘扬科学家精神。习近平总书记强调科普工作的重要性，指出"要把科学普及放在与科技创新同等重要的位置。没有全民科学素质普遍提高，就难以建立起宏大的高素质创新大军"[4]。科学普及既要传播科学知识、科学方法，提高全民科学素养，又要营造科学文化，协调科技、社会与环境的友好关系，让科技创新引领社会持续健康发展，弘扬科学家精神。青少年乃至大众对科学知识的全面了解不足，是一个普遍现象。而任何群体的科学素质相对落

---

[1] 谢耘：《创新的真相》，机械工业出版社2021年版，第38—39页。
[2] 方竹兰：《中国原始型创新与超常型知识的治理体制改革》，科学出版社2019年版，第15页。
[3] [美] 史蒂夫·C. 柯拉尔（Steven C. Curral）等：《有组织的创新——美国繁荣复兴之蓝图》，陈劲、尹西明译，清华大学出版社2017年版。
[4] 《习近平谈治国理政》第二卷，外文出版社2017年版，第276页。

后,都将成为创新驱动发展的短板。科技工作者不仅是创新的先锋,也是科学普及和科学传播的主力。应发挥专业优势,开展向青少年学生以及公众普及科学知识、传播科学思想的活动,增强广大群众的社会责任感和使命感,让大家真切感受到祖国科技能力的强大,让大家深刻认识到科技在推动经济社会发展中的重要作用,让大家懂科学、爱科学、支持科技、勇于创新。中国科学院通过扎实有效的科普工作,让众多重大科技成果走出高校院所,走出实验室,让广大公众近距离接触包括一系列国之重器在内的科技成果和科技设施,快速提升科学普及的效能,扎实推动民众科学素质的提高,避免伪科学甚至迷信滋生、蔓延,减少伪科学长时间地占据青少年甚至民众的知识领地,厚植创新土壤,努力实现"要把科学普及放在与科技创新同等重要的位置"的目标,为创新驱动发展提供更强劲的动力。这是弘扬新时代科学家精神必不可少的基本方式。

打造传播平台,构建集约化弘扬科学家精神的宣传阵地。中国科学院作为国家在科学技术方面的最高学术机构和全国自然科学与高新技术的综合研究与发展中心,在做好基础研究和关键核心技术攻坚的同时,更需要弘扬新时代科学家精神。互联网在发展,运用新媒体的手段来进行宣传也越来越重要,而新媒体平台也进行了从制作到传播再到功能的转变,我们要打造的是集制作、传播、服务为一体的功能矩阵。在弘扬新时代科学家精神的过程中,应讲究策略和方法。当前,以微信、微博、H5、短视频等为代表的新媒体工具已对人们产生了深刻的影响。借助新媒体来弘扬新时代科学家精神的整体思路,就是在明确新媒体平台定位的基础上,用市场化的手段进行运营。第一,定位方面,要明确是为谁而做传播?做给谁看?要达到怎样的传播效果?怎么能达到目的?即明定位、知受众、看结果、选方法。第二,队伍方面,可组建研究领域相关的新媒体团队,并对其研究领域进行深入探索,加强舆论阵地建设,增强对新时代科学家精神引导工作的影响力。第三,平台方面,创新内容与形式,利用信息技术将原有的纸质文本转换为数字视觉文本,构建"视频平台接触吸引—微信平台初步了解—传统媒体深度了解—线下活动真实现场体验"的弘扬科学家精神传播链。第四，内容方面，应该以科学家的珍贵历史资料为基础，发现、挖掘、宣传科技工作者典型，精心策划，多角度呈现我国科学家的成长历程、学术成就、感人事迹和高尚品行。视频时间控制在3—10分钟，既可以利用大众的碎片时间，又能避免因时间过长而丧失兴趣，这样可以有效提高大众群体的网络点击率和吸引力。

凝聚青春力量，用科学家精神引领青少年保持对科学的热爱。习近平总书记指出："青年是祖国的前途、民族的希望、创新的未来。青年一代有理想、有本领、有担当，科技就有前途，创新就有希望。"[①]弘扬科学家精神，不仅要以识才的慧眼、爱才的诚意、用才的胆识、容才的雅量、聚才的良方，放手使用优秀青年人才，为青年人才成才铺路搭桥，让他们成为有思想、有情怀、有责任、有担当的社会主义建设者和接班人，还要面向广大青少年讲好科学的故事、科学家的事迹，让科技工作成为富有吸引力的工作、成为青少年尊崇向往的职业，让未来祖国的科技天地群英荟萃，让未来科学的浩瀚星空群星闪耀。党组织和群团组织进一步加强对青年科技人员的政治引领和学生的思想政治工作，加强对青年思想动态的把握，培养青年创新意识，激发科研热情，展现科研工作独特魅力。在运用新媒体工具打造弘扬新时代科学家精神宣传阵地的基础上，应着力进驻青少年更为关注的B站、抖音、知乎等平台，在潜移默化中影响和带动更多青少年了解科学、崇尚科学，将科学家精神与信念信仰根植于他们内心深处。通过强阵地、建队伍、发声音、搞活动、出产品，开展"科学家进学校""科学家精神进教材""科学家精神进课堂"等活动，让科学家来到青少年身边，让青少年近距离感受科学家的信念精神与科学的魅力，弘扬爱国、创新、求实、奉献、协同、育人的新时代科学家精神，鼓励他们继承敢于创新、爱国奉献的优良传统，为祖国文化传承和科技发展努力学

---

① 习近平：《在中国科学院第十九次院士大会、中国工程院第十四次院士大会上的讲话》，人民出版社2018年版，第24页。

习、拼搏奋进。

本文是中国科学院党的建设与思想政治工作研究会2020年课题成果《中国科学院弘扬科学家精神的实践与探索》的一部分，收入本书时有修改。

课题组组长：马　扬

成　　员：聂常虹　贾宝余　姜秉国　韩　博　杨　浩　刘宏伟

　　　　　徐治国　孙　翊

目　录

爱国篇

致中国全体留美学生的公开信　华罗庚 / 4

写给郭永怀的两封信　钱学森 / 10

邓稼先　杨振宁 / 16

中国人将"不可能"变成了"可能"　孙家栋 / 24

我的心深深地向着中国共产党　袁隆平 / 32

光荣入党　杨钟健 / 36

艰苦奋斗　报效祖国　严恺 / 40

创新篇

中国科学的新方向　竺可桢 / 48

创新是科学的生命之源　程开甲 / 56

认识与选择　吴文俊 / 66

关键要敢于和善于创新　黄昆 / 70

我的科研选题三原则　邹承鲁 / 74

破除迷信，勇于创新　王选 / 82

创新时代更要讲科学精神　王绶琯 / 88

中国传统文化里的科学方法　席泽宗 / 94

来自太空的召唤　南仁东 / 100

求实篇

回忆我在居里实验室前几年的岁月　钱三强 / 106

漫谈科学精神　王大珩 / 112

试谈做人做事做学问　师昌绪 / 120

学知识　练本领　做诚实人
　　　——科技工作者的"底色"　郑哲敏 / 126

一个院士早年的生命历程　钟南山 / 134

研究工作是"战斗"　顾震潮 / 140

奉献篇

我的科学历程　严济慈 / 146

我的一些回忆　贝时璋 / 152

缅怀小平同志的教导　继续攀登世界科技高峰　谢家麟 / 158

艰辛的岁月，时代的使命　于敏 / 164

前辈科学家的精神风范给我们以激励和鞭策　周光召 / 172

八十载回首　应崇福 / 178

我深深眷恋着的青藏高原　孙鸿烈 / 184

何泽慧先生的风格　李惕碚 / 190

协同篇

顾既往，瞻前途
　　——话我国航天事业　任新民 / 196
研制固体运载火箭　黄纬禄 / 206
我与航天事业　屠守锷 / 218
难忘"两弹一星"　杨嘉墀 / 224
中国研制原子弹给我们的启示　陈能宽 / 234
"嫦娥一号"与四大精神　叶培建 / 242

育人篇

怀念我的老师赵九章先生　叶笃正 / 250
谈谈教学和科研　曾庆存 / 258
为了无愧于历史和人生
　　——寄语研究部的青年人　王守武 / 264
努力学习　继往开来　保铮 / 268
博观约取　厚积薄发　严加安 / 278

后　记 / 284

爱国篇

华罗庚

（李世刚、李世东绘）

华罗庚（1910—1985），籍贯江苏丹阳，出生于江苏金坛。数学家，中国科学院院士。曾任西南联合大学教授，中国科学院数学研究所、应用数学研究所研究员、所长、名誉所长，中国数学会理事长，中国科学技术大学副校长，中国科学院副院长，全国政协副主席等职。主要从事解析数论、矩阵几何学、典型群、自守函数论、多复变函数论、偏微分方程、高维数值积分等领域的研究并作出了开创性贡献。获中国科学院1956年度科学奖金一等奖、1990年度陈嘉庚物质科学奖。

致中国全体留美学生的公开信

华罗庚

朋友们：

不一一道别，我先诸位而回去了。我有千言万语，但愧无生花之笔来一一地表达出来。但我敢说，这信中充满着真挚的感情，一字一句都是由衷心吐出来的。

坦白地说，这信中所说的是我这一年来思想战斗的结果。讲到决心归国的理由，有些是独自冷静思索的果实，有些是和朋友们谈话和通信所得的结论。朋友们，如果你们有同样的苦闷，这封信可以做你们决策的参考；如果你们还没有这种感觉，也请细读一遍，由此可以知道这种苦闷的发生，不是偶然的。

让我先从大处说起。现在的世界很明显地分为两个营垒：一个是为大众谋福利的，另一个是专为少数的统治阶级打算利益的。前者是站在正义方面，有真理根据的；后者是充满着矛盾的。一面是与被压迫民族为朋友的，另一面是把所谓"文明"建筑在不幸者身上的。所以凡是世界上的公民都应当有所抉择：为人类的幸福，应当抉择在真理的光明的一面，应当选择在为多数人利益的一面。

朋友们！如果细细地想一想，我们深受过移民律的限制，肤色的歧视，哪一件不是替我们规定了一个圈子。当然，有些所谓"杰出"的个人，已经跳出了这个圈子，已经得到特别的"恩典"，"准许""归化"了的，但如果扪心一想，我们的同胞们都在被人欺凌，被人歧视，如果因个人的被"赏识"，便沾沾自喜，这是何种心肝！同时，很老实地说吧，现在他们正在想利用这些"人杰"。

也许有人要说，他们的社会有"民主"和"自由"，这是我们所应当爱好的。但我说诸位，不要被"字面"迷惑了，当然被字面迷惑也不是从今日开始。

我们细细想想资本家握有一切的工具——无线电、报纸、杂志、电影，他说一句话的力量当然不是我们一句话所可以比拟的；等于在人家锣鼓喧天的场合下，我们的古琴独奏。固然我们都有"自由"，但我敢断言，在手酸弦断之下，人家再也不会听到你古琴的妙音。在经济不平等的情况下，谈"民主"是自欺欺人；谈"自由"是自找枷锁。人类的真自由，真民主，仅可能在真平等中得之；没有平等的社会的所谓"自由""民主"，仅仅是统治阶级的工具。

我们再来分析一下：我们怎样出国的？也许以为当然靠了自己的聪明和努力，才能考试获选出国的；靠了自己的本领和技能，才可能在这儿立足的。因之，也许可以得到一结论：我们在这儿的享受，是我们自己的本领，我们这儿的地位，是我们自己的努力。但据我看来，这是并不尽然的，何以故？谁给我们的特殊学习机会，而使我们大学毕业？谁给我们所必需的外汇，因之可以出国学习。还不是我们胼手胝足的同胞吗？还不是我们千辛万苦的父母吗？受了同胞们的血汗栽培，成为人才之后，不为他们服务，这如何可以谓之公平？如何可以谓之合理？朋友们，我们不能过河拆桥，我们应当认清：我们既然得到了优越的权利，我们就应当尽我们应尽的义务，尤其是聪明能干的朋友们，我们应该负担起中华人民共和国空前巨大的人民的任务！

现在再让我们看看新生的祖国，怎样在伟大胜利基础上继续迈进！今年元旦新华社的《新年献词》告诉我们说：

"1949年是中国人民解放战争获得伟大胜利和中华人民共和

国宣告诞生的一年。这一年,我们击破了中外反动派的和平攻势,扫清了中国大陆上的国民党匪帮","解放了全国百分之九十以上的人口,赢得了战争的基本胜利。这一年,全国民主力量的代表人物举行了人民政治协商会议,通过了国家根本大法《共同纲领》,成立了中央人民政府。这个政府不但受到了全国人民的普遍拥护,而且受到了全世界反帝国主义阵营的普遍欢迎。苏联和各人民民主国家都迅速和我国建立了平等友好的邦交。这一年,我们解放了和管理了全国的大城市和广大乡村,在这些地方迅速地建立初步的革命秩序,镇压了反革命活动,并初步地发动和组织了劳动群众。在许多城市中已经召集了各界人民代表会议。在许多乡村中,已经肃清了土匪,推行了合理负担政策,展开了减租减息和反恶霸运动。这一年,我们克服了敌人破坏封锁和严重的旱灾、水灾所加给我们的困难。在财政收支不平衡的条件下,尽可能地进行了恢复生产和交通的工作,并已得到了相当成绩。"

"中国是在迅速的进步着,1949年的胜利,比一年前人们所预料的要大得多,快得多。在1950年,我们有了比1949年好得多的条件,因此我们所将要得到的成绩,也会比我们现在所预料的更大些,更快些。当武装的敌人在全中国的土地上被肃清以后,当全中国人民的觉悟性和组织性普遍地提高起来以后,我们的国家就将逐步地脱离长期战争所造成的严重困难,并逐步走上幸福的境地了。"

朋友们!"梁园虽好,非久居之乡",归去来兮!

但也许有朋友说:"我年纪还轻,不妨在此稍待。"但我说:"这也不必。"朋友们,我们都在有为之年,如果我们迟早要回去,何不早回去,把我们的精力都用之于有用之所呢?

总之,为了抉择真理,我们应当回去;为了国家民族,我们应当回去；为了为人民服务，我们也应当回去；就是为了个人的出路，也应当回去，建立我们的工作基础，为了我们伟大的祖国的建设和发展而奋斗！

朋友们！语重心长，今年在我们的首都北京见面吧！

1950年2月归国途中。

来源：《传奇数学家华罗庚——纪念华罗庚诞辰100周年》，丘成桐、杨东、季理真主编，高等教育出版社2010年版。

金句摘抄：

为了抉择真理，我们应当回去；为了国家民族，我们应当回去；为了为人民服务，我们也应当回去；就是为了个人的出路，也应当回去，建立我们的工作基础，为了我们伟大的祖国的建设和发展而奋斗！

钱学森

（李世刚、李世东绘）

钱学森（1911—2009），籍贯浙江杭州，出生于上海。应用力学、工程控制论、系统工程家，中国科学院院士，中国工程院院士。1934年毕业于国立交通大学，1939年获美国加州理工学院博士学位。曾任加州理工学院教授，中国科学院力学研究所所长，中国力学学会理事长，中国自动化学会理事长，第七机械工业部副部长、国防科学技术委员会副主任、中国科学技术协会主席和全国政协副主席等职。在应用力学、工程控制论、系统工程等多领域取得出色研究成果，为中国航天事业的创建与发展作出了奠基性和开拓性贡献。获中国科学院1956年度科学奖金一等奖、1985年获国家科学技术进步奖特等奖，1991年被授予"国家杰出贡献科学家"荣誉称号，1999年被授予"两弹一星功勋奖章"。

写给郭永怀的两封信

钱学森

(一)

永怀兄：

接到你的信，每次都说归期在即，听了令人开心。

我们现在为力学忙，已经把你的大名向科学院管理处"挂了号"，自然是到力学研究所来，快来、快来！

计算机可以带来，如果要纳税，力学所可以代办。电冰箱也可带。北京夏天还是要冰箱，而现在冰块有不够的情形。

老兄回来，还是可以做气动力学工作，我们的需要决不比您那面差，带书的时候可以估计在内。多带书！这里俄文书多、好，而又价廉，只不过我看不懂，苦极！

请兄多带几个人回来，这里的工作，不论在目标、内容和条件方面都是世界先进水平。这里才是真正科学工作者的乐园！另纸书名，请兄转大理石[①]托他买，我改日再和他通信。

此致

[①] 编者注：信中所说托"大理石"买书一事，是请他们的好友 Frank Marble 办。"marble"的意思是"大理石"。钱学森在信中如此称呼，有不给 Marble 引来意外麻烦的意思。

敬礼！嫂夫人均此！

钱学森上
2月2日①

我们有人出席世界力学会议（比国九月）

（二）

永怀兄：

　　这封信是请广州的中国科学院办事处面交，算是我们欢迎您一家三众的一点心意！我们本想到深圳去迎接您们过桥，但看来办不到了，失迎了！我们一年来是生活在最愉快的生活中，每一天都被美好的前景所鼓舞，我们想您们也必定会有一样的经验。今天是足踏祖国土地的头一天，也就是快乐生活的头一天，忘去那黑暗的美国吧！

　　我个人还更要表示欢迎你，请你到中国科学院的力学研究所来工作，我们已经为你在所里准备好了你的"办公室"，是一间朝南的在二层楼的房间，淡绿色的窗帘，望出去是一排松树。希望你能满意。你的住房也已经准备了，离办公室只五分钟的步行，离我们也很近，算是近邻。

　　自然我们现在是"统一分配"，老兄必定要填写志愿书，请您只写力学所。原因是：中国科学院有研究力学的最好环境，而且现在力学所的任务重大，非您来帮助不可。——我们这里也有好几位青年大学毕业生等您来教导。此外力学所也负责讲授在清华大学中办的"工程力学研究班"（是一百多人的班，由全国工科高等学校中的五年级优秀生组成，两年毕业，为力学研究工作的主要人才来源）。由于上述原因，我们拼命欢迎的，请你不要使我们失望。

---

① 编者注：写信时间为1956年。

嫂夫人寄来的书，早已收到，请不必念念。

不多写了，见面详谈。

即此再致

欢迎！

钱学森　1956 年 9 月 11 日

附：力学所现有兄旧识如下：

钱伟长、郑哲敏、潘良儒

来源：《钱学森书信》，涂元季主编，国防工业出版社 2007 年版。

金句摘抄：

我们一年来是生活在最愉快的生活中，每一天都被美好的前景所鼓舞，我们想您们也必定会有一样的经验。今天是足踏祖国土地的头一天，也就是快乐生活的头一天，忘去那黑暗的美国吧！

杨振宁

(李世刚、李世东绘)

杨振宁（1922— ），安徽合肥人，物理学家，中国科学院院士。1942年毕业于国立西南联合大学，1948年获美国芝加哥大学博士学位。曾任普林斯顿高等研究院教授，纽约州立大学石溪分校爱因斯坦讲座教授，清华大学教授等职。在粒子物理学、统计力学和凝聚态物理等领域作出里程碑性贡献。1957年获诺贝尔物理学奖、1986年获美国"国家科学奖章"、1994年获美国费城富兰克林研究所的1994—1995年鲍威尔科学成就奖、2001年获费萨尔国王国际奖的科学奖。

邓稼先

杨振宁

一、从"任人宰割"到"站起来了"

100年以前，甲午战争和八国联军侵华的时候，恐怕是中华民族5000年历史上最黑暗最悲惨的时候。只举1898年为例：

德国强占山东胶州湾，"租借"99年。

俄国强占辽宁旅顺大连，"租借"25年。

法国强占广东广州湾，"租借"99年。

英国强占山东威海卫与香港新界。前者"租借"25年，后者"租借"99年。

那是任人宰割的时代，是有亡国灭种的危险的时代。

今天，一个世纪以后，中国人站起来了。

这是千千万万人努力的结果，是许许多多可歌可泣的英雄人物创造出来的，在20世纪人类历史上可能是最重要的，影响最深远的巨大转变。

对这巨大转变作出了巨大贡献的有一位长期以来鲜为人知的科学家：邓稼先（1924—1986）。

二、两弹元勋

邓稼先于1924年出生在安徽省怀宁县。在北平上小学和中学以后，于1945年自昆明西南联大毕业。1948年到1950年，在美国普渡大学读理论物理，得到博士学位后立即乘船回国，1950年10月，到中国科学院工作。1958年8月，被任命带领几十个大学毕业生开始研究原子弹制造的理论。

这以后28年间，邓稼先始终站在中国原子武器设计制造和研究的第一线，领导许多学者和技术人员，成功地设计了中国的原子弹和氢弹，把中华民族国防自卫武器引导到了世界先进水平：

1964年10月16日，中国爆炸了第一颗原子弹。

1967年6月17日，中国爆炸了第一颗氢弹。

这些日子是中华民族5000年历史上的重要日子，是中华民族完全摆脱任人宰割的时代的新生日子！

1967年以后，邓稼先继续他的工作，至死不懈，对国防武器作出了许多新的巨大贡献。

1985年8月，邓稼先做了切除直肠癌的手术。次年3月，又做了第二次手术。在这期间他和于敏联合署名写了一份关于中华人民共和国核武器发展的建议书。1986年5月，邓稼先再做了第三次手术，7月29日，因全身大出血而逝世。

"鞠躬尽瘁，死而后已。"正好准确地描述了他的一生。

邓稼先是中华民族核武器事业的奠基人和开拓者。张爱萍将军称他为"两弹元勋"，他是当之无愧的。

三、邓稼先与奥本海默

抗战开始以前的一年，1936年到1937年，稼先和我在北平崇德中学同学一年。后来抗战时期在西南联大我们又是同学。以后他在美国留学的两年期间我们曾住同屋，50年的友谊，亲如兄弟。

1949年到1966年，我在普林斯顿高等学术研究所工作，前后17年的时间里所长都是物理学家奥本海默（1904—1967）。当时他是美国家喻户晓的人物，因为他曾成功地领导战时美国的原子弹制造工作。高等学术研究所是一个很小的研究所，物理教授最多的时候只有 5 个人，包括奥本海默，所以他和我很熟识。

奥本海默和邓稼先分别是美国和中国原子弹设计的领导人，各是两国的功臣，可是他们的性格和为人截然不同——甚至可以说他们走向了两个相反的极端。

奥本海默是一个拔尖的人物，锋芒毕露。他二十几岁的时候在德国哥廷根镇做玻恩（1882—1970）的研究生。玻恩在他晚年所写的自传中说研究生奥本海默常常在别人做学术报告时（包括玻恩做学术报告时），打断报告，走上讲台拿起粉笔说"这可以用底下的办法做得更好……"我认识奥本海默时他已 40 多岁了，已经是家喻户晓的人物了，打断别人的报告，使演讲者难堪的事仍然不时出现，不过比起以前要较少出现一些。

奥本海默的演讲十分吸引人。他善于辞令，听者往往会着迷。1964 年，为了庆祝他 60 岁的生日，3 位同事和我编辑了一期《近代物理评论》，在前言中我们写道：

> 他的文章不可以速读。它们包容了优雅的风格和节奏。它们描述了近世科学时代人类所面临的多种复杂的问题，详尽而奥妙。

像他的文章一样，奥本海默是一个复杂的人。佩服他、仰慕他的人很多。不喜欢他的人也不少。

邓稼先则是一个最不引人注目的人物。和他谈话几分钟就看出他是忠厚平实的人。他诚真坦白，从不骄人。他没有小心眼儿，一生喜欢"纯"字所代表的品格。在我所认识的知识分子当中，包括中国人和外国人，他是最有中国农民的朴实气质的人。

我想邓稼先的气质和品格是他所以能成功地领导许许多多各阶层工作者为中华民族作了历史性贡献的原因：人们知道他没有私心，人们绝对相信他。

邓稼先是中国几千年传统文化所孕育出来的有最高奉献精神的儿子。

邓稼先是中国共产党的理想党员。

我以为邓稼先如果是美国人，不可能成功地领导美国原子弹工程；奥本海默如果是中国人，也不可能成功地领导中国原子弹工程。当初选聘他们的人，钱三强和葛若夫斯，可谓真正有知人之明，而且对中国社会、美国社会各有深入的认识。

四、民族感情？友情？

1971年，我第一次访问中华人民共和国。在北京见到阔别了22年的稼先。在那以前，于1964年中国原子弹试爆以后，美国报章上就已经再三提到稼先是此事业的重要领导人。与此同时还有一些谣言说，1948年3月去了中国的寒春（中文名字，原名Joan Hinton）曾参与中国原子弹工程。（寒春曾于40年代初在洛斯阿拉姆斯武器试验室做费米的助手，参加了美国原子弹的制造，那时她是年轻的研究生。）

1971年8月，在北京我看到稼先时避免问他的工作地点。他自己说"在外地工作"。我就没有再问。但我曾问他，是不是寒春曾参加中国原子弹工作，像美国谣言所说的那样。他说他觉得没有，他会再去证实一下，然后告诉我。

1971年8月16日，在我离开上海经巴黎回美国的前夕，上海市领导人在上海大厦请我吃饭。席中有人送了一封信给我，是稼先写的，说他已证实了，中国原子武器工程中除了最早于1959年底以前曾得到苏联的极少"援助"以外，没有任何外国人参加。

此封短短的信给了我极大的感情震荡。一时热泪满眶，不得不起身去洗手间整容。事后我追想为什么会有那样大的感情震荡，为了民族的自豪？为了稼先而感到骄傲？——我始终想不清楚。

五、我不能走

青海、新疆、神秘的古罗布泊、马革裹尸的战场。不知道稼先有没有想起我们在昆明时一起背诵的《吊古战场文》：

浩浩乎！平沙无垠，敻不见人。河水萦带，群山纠纷。黯兮惨悴，风悲日曛。蓬断草枯，凛若霜晨。鸟飞不下，兽铤亡群。亭长告余曰："此古战场也！常覆三军。……"

稼先在蓬断草枯的沙漠中埋葬同事，埋葬下属的时候不知是什么心情？

"粗估"参数的时候，要有物理直觉；筹划昼夜不断的计算时，要有数学见地；决定方案时，要有勇进的胆识，又要有稳健的判断。可是理论是否够准确永远是一个问题。不知稼先在关键性的方案上签字的时候，手有没有颤抖？

戈壁滩上常常风沙呼啸，气温往往在零下 30 多度。核武器试验时大大小小临时的问题必层出不穷。稼先虽有"福将"之称，意外总是不能免的。1982 年，他做了核武器研究院院长以后，一次井下突然有一个信号测不到了，大家十分焦虑，人们劝他回去。他只说了一句话：我不能走。

假如有一天哪位导演要摄制《邓稼先传》，我要向他建议背景音乐采用五四时代的一首歌，我儿时从父亲口中学到的：

中国男儿　中国男儿
要将只手撑天空
长江大河　亚洲之东　峨峨昆仑
古今多少奇丈夫
碎首黄尘　燕然勒功　至今热血犹殷红

我父亲诞生于 1896 年，那是中华民族仍陷于任人宰割的时代。他一生都喜欢这首歌曲。

六、永恒的骄傲

稼先逝世以后，在我写给他夫人许鹿希的电报与书信中有下面几段话：

——稼先为人忠诚纯正，是我最敬爱的挚友。他的无私的精神与巨大的贡献是你的也是我的永恒的骄傲。

——稼先去世的消息使我想起了他和我半个世纪的友情，我知道我将永远珍惜这些记忆。希望你在此沉痛的日子里多从长远的历史角度去看稼先和你的一生，只有真正永恒的才是有价值的。

——邓稼先的一生是有方向、有意识地前进的。没有彷徨，没有矛盾。

——是的，如果稼先再次选择他的途径的话，他仍会走他已走过的道路。这是他的性格与品质。能这样估价自己一生的人不多，我们应为稼先庆幸！

来源：1993年8月21日《人民日报》，有删节。

金句摘抄：

"粗估"参数的时候，要有物理直觉；筹划昼夜不断的计算时，要有数学见地；决定方案时，要有勇进的胆识，又要有稳健的判断。可是理论是否够准确永远是一个问题。不知稼先在关键性的方案上签字的时候，手有没有颤抖？

孙家栋

(李世刚、李世东绘)

孙家栋（1929— ），辽宁复县人，火箭和卫星总体技术专家，中国科学院院士。1958年毕业于苏联茹科夫斯基军事航空工程学院。曾任中国空间技术研究院院长、航天部副部长、航空航天部副部长等职。长期从事并领导火箭、人造卫星研制工作，担任中国探月工程首任总设计师。1985年获国家科学技术进步奖特等奖两项，1999年被授予"两弹一星功勋奖章"，获2009年度国家最高科学技术奖，2018年被授予"改革先锋"荣誉称号，2019年被授予"共和国勋章"。

中国人将"不可能"变成了"可能"

孙家栋

1958年,我从苏联茹科夫斯基军事航空工程学院毕业,获得斯大林金质奖章,时年29岁。同年,我即回国,投身于新中国的航天航空事业发展。

1957年10月,苏联成功发射人类第一颗人造卫星,震惊世界。同年10月13日,在中科院座谈会上,钱学森、赵九章等著名科学家建议,我国也要开展人造卫星的研究工作。次年5月17日,毛主席在中共八大二次会议上指出,"我们也要搞人造卫星"。

中科院在6月份召开的"大跃进"动员大会上,提出要放重型卫星,向1959年国庆10周年献礼。同年10月,一个以人造卫星和火箭为专门研究对象的机构在中国科学院秘密成立,代号为"581"小组,意为58年第一号重大任务。钱学森任组长,赵九章任副组长。

但1959年1月21日,因国家经济困难,卫星研制工作暂停,集中力量先研制探空火箭,由钱学森负责。当时,我们对此还不是很理解,但今天看来,就觉得这个决策无比英明。因为火箭是卫星的基础,火箭技术不过关,导弹、卫星根本就无法上天。

1964年6月,中国自行设计的第一枚中近程火箭发射成功。同年10月,中国第一颗原子弹成功爆炸。赵九章赴西北基地参观,感觉火箭技术比较成熟,卫星工程可以提上日程。同年12月,在全国人大会议期间,他给周总理写了一封信，建议国家尽快制订卫星发射计划。钱学森也提出类似建议。

周总理看后，非常赞同。1965年1月，赵九章等写成建议报告，经中央批准，我国人造卫星工作正式上马，代号为"651任务"，并成立了"651"卫星设计院，赵九章任院长。

正当卫星研制顺利进行之际，1966年，"文化大革命"爆发，中科院的卫星研制队伍就此瘫痪。

一、四大技术目标："上、抓、听、看"

到了1967年，周总理和聂帅紧急抽调钱学森来组建卫星研制队伍。钱学森从已经非常成熟的研制火箭的团队中抽调了一部分人，又加上中科院的部分同志，组建成了一个新团队，我是那一年被钱学森抽调到卫星这边，主要负责总体部技术统筹。

首先，我们要摸清家底，发现情况很糟。卫星发射是个极其复杂的系统工程，需要各方配合。由于"文化大革命"，全部工作陷于混乱。有的部门已经按期完成任务，有的尚未开始。怎么办？我们只好调整目标，简化任务，突出重点，保障完成。

首先要把卫星送上天，最基本的功能是什么？第一，要能送上天，这主要是火箭的功力。只要火箭技术过关，把卫星送上去即可。这即为"上得去"。

第二，卫星上天后，必须要能与地面站互动，既能向地面站发送信号，也能接收信号，也就是说，卫星在天上是一个活体，而不是一个铁疙瘩。这就是"抓得住"。

除此以外，我们还确定了"听得见""看得着"的目标。如果中国发射了一颗卫星，既看不见，也听不见，那政治效果和社会效果就要大打折扣。

于是，我们就在"看"和"听"上下功夫。"看得见"实际上是在卫星周围加了一个"闪光体围裙"，当脱离火箭时，"围裙"也随之脱落，闪闪发光。

"听得见"怎么实现？卫星在与地面站联系时，会发回来断断续续的音频信号。我们要加一个什么样的信号呢？最后一致商定，《东方红》乐曲就是当时红色中国的代表。于是，就把乐曲《东方红》送了8节上去。卫星往回发信号时，掐了两段，一段发信号，一段发"《东方红》乐曲"。

这时，又碰到一个技术难题。当时国内的收音机功能都比较差，接收不到。我们就和中央广播电台合作，让他们利用大功率接收器先行接收，再转播给老百姓，同时也向海外声明，这是卫星发回的信号，如果有好的接收器，可以自行接收，频率是20.009兆周。我们就是要让全世界的人民都能听到中国卫星的声音。

二、这是"天大的事"，谁也不敢耽误

当时，周总理虽然日理万机，但卫星研制中碰到的困难，他都会亲自过问和解决。譬如，卫星中的接线板的问题。

卫星诸多电子元器件所需的接线板，一个面板需要20—30条插针，这样，插针和插孔的要求都非常高，不能有一丝一毫的差错，否则插不上，就会影响卫星的运行。这对工艺提出了极高的要求，我们当时难以达到。

后来，我们将情况反映上去。周总理亲自交代秘书，给上海市委挂电话。通过上海市委，我找到了当地生产电源最好的工厂——上海无线电五厂，又找到了这个厂最有经验的老师傅，终于解决了问题。

"文化大革命"对我们的研究工作当然有影响。大家知道，研制卫星，是毛主席亲自确定的项目，这是"天大的事"，耽误不得。

三、"东方红一号"的超重震惊国外

苏联第一颗人造卫星重量83.6公斤；美国卫星重8.2公斤；法国卫星重42公斤；日本卫星重11公斤。

1970年4月20日，中国"东方红一号"升空，重为173公斤。

可见，中国的"东方红一号"重量超过前4颗卫星重量之和。但这并不说明我们卫星制造水平高。从工艺的角度来说，要安装一些仪器，在一块大板子上安装仪器显然比在小板子上装要好得多，也就是说，体积越小，对机械工艺的要求就越高。而中国当时的工艺远远没有达到先进水平，所以，我国的卫星就重得多了。

但中国卫星的重量又让外国震惊，因为这恰恰说明我们火箭的威力大，能把那么重的大家伙送上太空，这足以对当时敌视中国的某些国家形成战略威慑。

不过，有一项质量指标，中国的确超过了先前4国。中国卫星的电池比那些卫星运行时间都长，原定运行20天，结果实际运行了28天，而那4个国家都没有达到20天。这也不是中国的电池质量高，而是，我们采用了一个技术技巧。电池质量不行，就用数量来弥补。在173公斤的卫星总重中，电池就高达80多公斤，这是其他国家无法想象的。

其实，当中国人在西北大漠里竖起第一座发射架时，西方一些发达国家认为，那是开玩笑；当中国人用运行速度只有每秒几十万次的老式计算机编制地球同步卫星轨道程序时，洋专家又断言：不可能！但是，中国人就是将"不可能"变成了"可能"。

来源：《中国经济周刊》2019年第18期。

金句摘抄：

当中国人在西北大漠里竖起第一座发射架时，西方一些发达国家认为，那是开玩笑；当中国人用运行速度只有每秒几十万次的老式计算机编制地球同步卫星轨道程序时，洋专家又断言：不可能！但是，中国人就是将"不可能"变成了"可能"。

袁隆平

(李世刚、李世东绘)

袁隆平（1930—2021），籍贯江西九江，出生于北京。杂交水稻育种专家，中国工程院院士。1953年毕业于西南农学院。长期致力于杂交水稻技术的研究、应用与推广，发明"三系法"籼型杂交水稻，成功研究出"两系法"杂交水稻，创建了超级杂交稻技术体系。曾任农业部科学技术委员会委员、中国作物学会副理事长、湖南杂交水稻研究中心主任、湖南省科学技术协会副主席、国家杂交水稻工程技术中心主任等职。获2000年度首届国家最高科学技术奖、2018年获"未来科学大奖"生命科学奖，2018年被授予"改革先锋"荣誉称号，2019年被授予"共和国勋章"。

我的心深深地向着中国共产党

袁隆平

习近平总书记3月4日[①]在全国政协联组会议上，对广大知识分子说的一番心里话，我听了感到特别温暖。总书记的讲话充分体现了党中央对广大知识分子的重视、关心和厚爱，既对知识分子建功立业寄予殷切希望，又对知识分子担当使命提出明确要求，还对如何更好地把知识分子凝聚起来作出战略部署，是新时期做好知识分子工作，以及广大知识分子健康成长、创造无愧于伟大时代业绩的行动指南。

我的毕生追求就是"发展杂交水稻，造福世界人民"。种子精神给我的启迪最深。我觉得，种子优良了，水稻才能根深叶茂，硕果累累。人就像一粒种子，只有身体、精神、情感都健康了，才能茁壮成长。要成为一名称职的科技工作者、合格的知识分子，就应该学习种子精神，做一个热爱祖国，热爱共产党的人；做一个关注民生，为人民服务的人；做一个不怕挫折，敢于创新的人。

回顾63年的杂交水稻研究之路，我深深感到，正是党的阳光雨露养育了杂交水稻这朵奇葩，使我们在挑战"世界饥饿"的历程中，有勇气坚持不断探索，有条件克服重重困难，使这道世界难题首先被我们中国人攻破。因此，无论时代如何发展、环境如何变幻，作为中国知识分子，都要始终跟党走，始终对祖国、对人民充满深深的爱，这也是我们科研创新的动力源泉。

科学探索无止境，我有两个梦：一个是"禾下乘凉梦"，水稻长得有

[①] 编者注：此处时间指2017年3月4日。

高粱那么高，穗子像扫把那么长，籽粒像花生米那么大，我和我的助手高兴地坐在稻穗下面乘凉。另一个是"杂交水稻覆盖全球"。全世界现在有1.5亿公顷水稻稻田，但是杂交水稻还不到10%，若有一半种上杂交稻，增产的粮食可以多养活4亿到5亿人。我的新目标是：将重点开展超级杂交稻高产攻关、海水稻的研制以及第三代杂交水稻遗传工程雄性不育系的继续研究和应用推广。或许，这又是一场攻坚战。今年，我们正在向新目标——亩产1130公斤即每公顷17吨攻关，我有把握说，有90%的可能性。只有永不满足，不断创新，我们才能有新的动力，新的收获。

我的做人原则是淡泊名利、踏实做人。国际上曾经有多家机构高薪聘请我出国工作，都被我谢绝了。我的根在中国，杂交水稻研究的根也在中国。有的人不理解，我就告诉他：人，除了吃饱肚子，还需要一股子精神，只有精神丰富了，心情才能愉快，身体才能健康，事业才能做得长远。如果老想着享受，哪有心思搞科研呢？我还要为培育农业科技人才做一些力所能及的工作，为中国杂交水稻技术的继承和创新积蓄力量。

我是一名无党派人士，我的心深深地向着中国共产党。多年来，我担任了全国政协常委和湖南省政协副主席，还担任了湖南省知识分子联谊会会长，做了一些参政议政履职工作，为国家和湖南的发展建言献策。我希望青年知识分子也能参与其中，与伟大的祖国同频共振，奉献青春和力量，把根深深扎在祖国的大地上，把情紧紧融入服务人民的伟大实践中。

来源：《新湘评论》2017年第9期。

金句摘抄：

我的根在中国，杂交水稻研究的根也在中国。有的人不理解，我就告诉他：人，除了吃饱肚子，还需要一股子精神，只有精神丰富了，心情才能愉快，身体才能健康，事业才能做得长远。

杨钟健

(李世刚、李世东绘)

杨钟健（1897—1979），陕西华州人，地质学家、古生物学家，中国科学院院士。1923年毕业于北京大学，1927年获德国慕尼黑大学博士学位。曾任北京大学教授，西北大学校长，中国科学院古脊椎动物与古人类研究所所长、研究员等职。从事古脊椎动物学和中、新生代地层研究，成就卓著。1928年负责北京周口店的发掘工作，此间发生了发现中国猿人第一颗头盖骨的划时代事件；1937年以后，在云南禄丰领导发掘工作，获大批恐龙及原始哺乳类化石。为中国的古脊椎动物与古人类研究作出了奠基性贡献。

光荣入党

杨钟健

一九五六年四月二十日我光荣地加入了中国共产党。本来还可以早几天，因我在九三学社当了一名中央委员而稍有拖延。我入党是由院部郁文同志和当时所负责人徐捷介绍的。在会上，我表达了入党的要求，并做了详细的自我介绍。当我的入党申请得到批准后，我的心情是十分高兴的，当即作了《入党述怀》，表达了自己的感想和愿望。兹照录于此（序言与附注从略）：

光荣列党籍，回首一慨然。落伍三十载，比子差两年。
幸能努力追，勇往直向前。年来从三面，体会较深刻。
感觉与认识，理论联实践。始信共产谛，真理放光焰。
哲学基础固，科学方法金。社会主义路，优越非等闲。
腐朽资本道，不值半文钱。忆昔脱政治，牛角茧自缠。
龙骨能救国，天方成奇谈。新生庆解放，事实胜空言。
马列为武器，成就自不凡。剥削永消灭，生活如蜜甜。
建设日千里，国势稳如山。海外腾声誉，人人庆身翻。
始信国可爱，更戴党如天。胜利莫昏脑，工作尚万千。
社会主义路，前途多艰难。尤其科学业，更需马当先。
实现现代化，前进莫迟延。余年为科学，不负党所盼。
力戒离实际，痛绝太主观。思想应全面，作风莫简单。

总要沉住气，使人不难堪。要为国效劳，莫为己打算。

学习复学习，随时克困难。理论有根据，自然广心田。

余年献给党，应少补前愆。

《入党述怀》中所表达的愿望，是我以后所致力追求的目标。一九六五年，正当我六十八岁的时候，经医生检查，发现身染多种疾病。这对我的情绪是一个打击。在理想和现实面前，我仍然抱有坚定的信念。我所写下的《六八初度感书》或许表达了当时的心情：

余生去死还差多，百计千方抗病魔。

对于亡神何所惧，能从现实论沉疴。

光阴有限争分秒，来日虽暂不蹉跎。

暮景一年十年用，生平经验树新模。

现在根据《入党述怀》的诺言，检查过去的得失，觉得虽然做了一些工作，但还是有许多不足之处，自当以此为目标，再接再厉，发扬成绩，改正错误，进一步攀登高峰。

来源：《杨钟健回忆录（修订本）》，杨钟健著，陕西师范大学出版总社 2020 年版。

金句摘抄：

实现现代化，前进莫迟延。余年为科学，不负党所盼。

力戒离实际，痛绝太主观。思想应全面，作风莫简单。

总要沉住气，使人不难堪。要为国效劳，莫为己打算。

严恺

（李世刚、李世东绘）

严恺（1912—2006），福建闽侯人，水利专家，中国科学院院士，中国工程院院士。1933年毕业于交通大学唐山工程学院，1938年获荷兰德尔夫特科技大学土木工程师学位。主持解决天津新港严重回淤问题；领导长江口开发整治的科研工作，指导全国海岸带和海涂资源综合调查研究，开创了我国淤泥质海岸的研究工作。曾任河海大学教授、名誉校长，水利部交通部南京水利科学研究所（院）所长及名誉院长，中国水利学会理事长，中国海洋学会理事长。1992年获国家科学技术进步奖一等奖等，获1997年度何梁何利基金科学与技术进步奖。

艰苦奋斗　报效祖国

严恺

我自幼父母双亡。在举目无亲中，倍经苦难，但这也激发了我艰苦奋斗、努力向上的精神。10岁那年我投奔在宁波铁路上工作的二哥严铁生。我学习勤奋，在读完小学后，为了早日完成学业，初中没毕业就跳到高中，高中没毕业又去考大学。1929年我17岁那年报考了交通大学唐山工程学院（今西南交通大学）。由于才读完高中二年级就仓促上阵，只考了个备取第二名。我一直等到9月中旬仍未得到递补通知，以为没有希望了。哪知那时因华北时局不安定，唐山工程学院到11月中才开学。开学后正取生未到齐由备取生递补，才通知我入学，这对我当然是件喜事，但上大学要花不少钱，为了筹措这笔费用，不得不到处奔走。等到我赶到唐山报到时，学校已经上课一个月，感到非常紧张，功课有些跟不上。经过加倍努力，总算逐渐赶上了。到第一学期期终考试时，每门课程的成绩都达到了70分以上。此后成绩不断上升，到了第四个年头，已在全班名列榜首，两个学期18门课程的总平均成绩达95.7分。

1933年毕业，在等待分配工作期间（当时交通大学毕业生均由铁道部分配工作），看到报载，黄河水利委员会为了治理黄河招聘技术人员。这一年8月间黄河又发生大洪水，给黄河中下游造成严重灾害。我想，治黄乃是功在当代利在千秋的大事，这是个难得的机会，随即报名。大概因我的资历太浅，未被录用。这时铁道部分配工作的通知已下达，我被派到沪宁沪杭甬两路局杭州工务段工作。杭州虽是好去处，但铁路是养路，工程技术工作很少，就想另找出路，希望干些实际工作。两个月后经校友介绍在武昌湖北省会工程处找到一份工作，参加武昌的城市建设。

1935年夏报载中央研究院招考一名到荷兰学习土木水利工程技术的留学生。这正合我献身于水利事业的夙愿，当即前往报考，并以优异成绩录取。1935年秋我到了荷兰，进入德尔夫特（Delft）科技大学。我除了在大学学习外，还利用假期和挤出时间到荷兰一些重要海岸工程和水工研究所以及德、法、比等国参观学习或实习，并在德国和法国学习德语和法语。这些都对我以后的学习和工作带来很大方便。1938年夏我在荷兰通过了土木工程师学位考试，那时正值抗日战争进入紧张阶段，我急于回国参加抗战工作。这年秋季我从法国马赛乘邮轮辗转经越南回到抗战的后方昆明，并响应当局号召："前方抗战，后方生产"，投身于云南省的农田水利建设。在一年的时间里跑遍了大半个云南省，提出不少开发利用的方案和规划设计，但在当时的情况下，大多只能是纸上谈兵。我不想再待下去了，正好有人介绍我到当时因抗战从南京迁到重庆沙坪坝的中央大学任新建的水利工程系教授。我想没有实际工作可干，能培养一些水利建设人才也好。在中央大学一待就是四年，那时水利工程系每年的毕业生不过20人左右。1943年秋，我遇到黄河水利委员会副委员长李书田先生，他是我在唐山读书时的院长，他要我到黄河工作，说是抗战胜利后将开展大规模的治黄，急需用人。前面已经提到，我早就有意参加治黄，因此就跟他到黄委会担任简任技正兼设计组主任。在一年多的时间里我完成了一些治黄的规划设计工作。到了1945年3月，眼看抗战即将胜利，蒋介石发下话来，说是抗战胜利后大批战士将要复员，宁夏有几百万亩灌区，是复员屯垦最理想的地方，为此要扩大和改建灌区，这项任务就落到黄委会头上，黄委会派我担任宁夏工程总队总队长。我率领百余名技术人员到宁夏，在沿黄两岸进行大范围的地形测量和水文测验，并完成了"宁夏河东河西两区灌溉工程计划纲要"。哪知抗战胜利后，蒋介石急于发动内战，发展宁夏港区的计划也就石沉大海。1948年2月我离开了黄委会，到上海交通大学水利工程系任教，直到解放。

新中国成立了，无限美好的前景展现在我们面前，一改以往不能学以致用的状况，作为科技和教育工作者大有用武之地了。从1949年开始，我先后主持或参加了许多重大工程的建设任务，如治淮工程，天津新港恢复扩建和解决港口的严重回淤问题，长江口综合治理工作，珠江三角洲综合开发治理规划，全国海岸带和海涂资源综合调查研究，长江葛洲坝水利枢纽工程建设，长江三峡工程以及诸多江河治理和港口建设工作等。当看到通过我们的不懈努力，克服重重技术难关，能为国家的昌盛和人民的幸福贡献出自己绵薄之力时，心中感到无比欣慰，使我更加热爱自己所从事的水利事业，并为此奋斗终生。

值得一提的是，当我在上海交通大学任教时，1952年全国高等学校进行了大规模的院系调整，成立华东水利学院（现河海大学）。组织上要我负责学院的筹建工作，校址选在南京的清凉山麓，当时是一片荒山。为了办好学校，在上级的大力支持下，我一抓师资建设，二抓新校址建设，三抓校风校纪。经过一整年的努力终于在1953年秋季开学时，我们迁入了新校址。现在，经过四十多年的建设，河海大学已从单科性的水利学院发展成为一所以水资源开发利用和保护为重点，工科为主，文、理、经济、管理多学科协调发展的多科性大学，同时也是国家"211工程"重点建设的高校之一。建校以来，河海大学逐步形成"艰苦朴素、实事求是、严格要求、勇于探索"的优良校风，造就了一大批有献身精神和真才实学的人才，为我国社会主义现代化建设作出了重要贡献。"艰苦朴素、实事求是、严格要求、勇于探索"已成为勉励河海师生不断进取的校训，这也是我一生治学和工作的座右铭。

来源：《科学的道路》，中国科学院院士工作局编，上海教育出版社2005年版。

金句摘抄：

当看到通过我们的不懈努力，克服重重技术难关，能为国家的昌盛和人民的幸福贡献出自己绵薄之力时，心中感到无比欣慰，使我更加热爱自己所从事的水利事业，并为此奋斗终生。

创新篇

竺可桢

（李世刚、李世东绘）

竺可桢（1890—1974），浙江绍兴人。气象学家、地理学家，我国近代气象学与地理学的奠基人，中国科学院院士。1909年考入唐山路矿学堂学习土木工程。1910年赴美留学，先入伊利诺伊大学农学院。1913年夏转入哈佛大学地学系，学习气象学，1918年获得博士学位。回国后，先后在武昌高等师范学校、南京高等师范学校任教。1928年任中央研究院气象研究所所长。1936年任浙江大学校长。新中国成立后担任中国科学院副院长。

中国科学的新方向

竺可桢

中国之有近代科学，不过近四十年来的事。最早成立的科学研究机关，要算北京实业部的地质调查所，创始于 1916 年。六年以后中国科学社在南京建立了生物研究所。此时正值五四时期，北京大学号召全国提倡科学，科学研究才慢慢地在各大学里有了立足点。从此各专门学会如地质学会、物理学会等逐一成立。到了 1928 年创设了国立的研究院，即是中央研究院和北平研究院。从五四时期到现在三十多年间，中国在科学上虽亦造成了少数杰出人才，对科学做了个别的贡献，但一般而论，对于国计民生有多少补益，对于科学本身有多少建树，检讨起来，仍然不免失望的。

过去中国科学界贡献之不能更为美满，一部分固由于外在的原因，即是政府不能把握正确方针，把科学作为装饰品，使经费仅足维持工作人员的生活，科学研究，徒有其名；加以日本帝国主义的实行侵略，使大学与研究中心迁移跋涉，不能安居，甚至轰炸焚烧，宝贵的仪器书籍因之而沦亡遗失。但内在的原因，即中国科学界本身存在的矛盾和缺点，亦有其重要性。最显著者为各单位的本位主义和科学工作人员的"为科学而科学"的错误见解。在我国科学界中本位主义的存在，甚为普遍。过去中央研究院和北平研究院之所以不能分工合作，即是一例。科学工作人员由于过去训练，多崇拜资本主义国家的个人主义。以为科学家的本分在于寻求真理，只要本其所学，自由地选择一个题目，竭其能力来研究，便是尽了责任。殊不知科学研究的经费来源,是取自工农阶级劳力所获得的生产,本诸取之于人民用之于人民的原则,科学研究自不能不与农业工业和保健发生联系。过去科学工作人员各自为政、闭门造车的习惯,自有革除的必要。

为纠正过去的错误观念起见,为谋达到给人民谋福利起见,我们新中国发展科学的道路将朝哪方向走呢?

第一我们必得使理论与实际配合,使科学能为工农大众服务。第二我们必须群策群力用集体的力量来解决眼前最迫切而最重大的问题。第三大量培植科学人才以预备建设未来的新中国。

为达到上述目的,就非要有计划地来做不可。计划科学的发展和普及,世界各国中只有在苏联已收到极大的成效。这一事实就是英美科学家也承认的。

英国伦敦大学物理学教授裴纳尔(John Desmond Bernal)在 1949 年出版的《需要的自由》(Freedom of Necessity,Kegan Paul,London1949)这书里曾经明白指出,他说:

"将来的科学要用整个社会的观点来计划,是绝对必需的一件事。这种计划在苏联已见其端倪。只有忠实地遵行马克思主义的理论,才能把帝俄时代本来浅薄的科学基础,变成伟大的、互相联系的和勃勃有生气的眼前苏联科学。在短短三十年当中,苏联已经从一个文盲遍地的国家,变成了随处统是科学工作者的国家。问题的重要性,并不仅仅去培养几个少数有天才的科学家,在科学的前哨上做点冲锋陷阵的工作;而是建立起来一个普遍通行的习惯,把一切关于工业、农业、卫生和国防所需要科学来解决的问题,从有计划的实验和以统计数字为依据的基础上来解决。"

我国现阶段的科学基础比十月革命以前帝俄时代的科学基础还要薄弱得多。在这时候就来讲计划科学,这是谈何容易的事。苏联科学院院长瓦维洛夫在他所著《三十年来的苏联科学》这篇文章里,曾经说:"把我们的科学完全贡献给人民和国家来服务这一事,使科学的计划性变成绝对需要。这是社会主义国家科学所具有的一个主要特点。不仅是科学的规模,如机构、人选和设施应有计划性的，甚至内容即是科学研究的问题也应有计划性的。"但瓦维洛夫同时也指出苏联科学向着计划这条路上走，是到了苏联科学发展的第二个时期，即苏维埃统治的第二个十年才确定的。在十月革命后的第一个十年内，苏联科学的发展还是不平均的、无系统的。在最初几年苏联和外界的交通被资本主义国家封锁隔绝，国外新的科学文献和设备统不能输入。苏联科学虽在这艰难困苦时期，却也有相当的成就。在苏联科学发展的第一个阶段，其计划性虽尚未十分显著，但已有了新的方向。值得我们注意的计有三点：

第一是苏联科学从最初即具有实用性，确定了科学为人民而服务的方针。

第二是利用集体工作的方法来解决问题。这种方法使得以前看起来极为复杂而费力的研究，得以进行。

第三是科学的普及工作，大规模地推动着。十月革命后十年之内，苏联科学工作人员，即是积极参加科学研究的人员，和革命前相比至少增加了十倍。

苏联科学近三十年来的宝贵经验，很值得作为我们发展科学新方向的参考。

目前中国和革命以前的苏联一样是个农业国家，而生产技术比较起来更要落后。要建设一个新中国，使生产逐渐增加，工业向前迈进，是非常艰巨困难的一桩事。人民政府已具决心将努力发展自然科学，以服务工业、农业和国防的建设。1950年度，虽在台湾尚未解放，经费十分困难的时候，科学研究经费已超出过去国民党当政承平时代的预算。中国科学院之建立，正所以配合时代，发挥科学工作为人民服务的积极功能，扫除过去中国科学工作者主观上的弱点。它将以自然科学为重点，在原有机构，即中央研究院与北平研究院之基础上，加以充实。以后工作将为政府农工文教各部门，取得密切联系，庶几可以达到利用厚生之道。

有人以为注重科学的实用性就可把基本理论科学研究完全放弃，使每个科学家统去做直接与生产有关的工作。这是错误的观念。若是计划科学的人们要每个物理学家、化学家到工厂去服务，要所有地质学家统去探矿，所有生物学家统去改良种子和牲畜，而把基本理论科学抛在一边，则不但科学将永无进步，即为生产着想，把眼光放远一点亦得不偿失。所谓理论去配合实际，科学去配合经济建设，绝不是那么简单一回事。每门基本科学的范围至为广泛。譬如物理学，它和旁的基本科学，如化学、生物、地质统有关系；它和工业、农业、医药亦均有关系。物理学上一种重要发明，如同五十年前电子的发现，不但已经应用到旁的科学上去，也已应用到工农医药各种事业上去。反过来讲，一种工业之建设，如同钢铁工业，不但需要机械、电机、地质、矿冶的人才，也需要物理学家、化学家、古生物学家和心理学家的设计和帮助。从科学和建设事业这样错杂纷纭的关系来看，基本科学的研究仍是不可忽视的。

苏联科学院的基本研究工作，在近三十年来不但没有停止，反而大大发展，即是一个好的榜样。但是基本科学的研究决不能像过去各单位分道扬镳各行其是地那么去做。中央科学研究机构将与各大学、理、工、医、农学院，以及各专门学会的科学家互助商讨，成立各科专门委员会，检讨目前每一科目急需要解决，而可以解决的问题。凡一个研究机构所不能单独解决的问题，将与其他研究机构或大学合力解决之。要如此，方能一扫过去本位主义之弊。

在中国现阶段，要谋科学的发展，尚有最迫切最重要的一件事，即是科学人才的培养。东北全部解放，不遇一年有半，建设初兴，即感人才不足。无论工厂、矿山、学校、中级和高级技术人员，均极度缺乏，普通工人与技术人员之比例均在百分之一以下。虽在关内到处罗致，人才仍患不足。将来台湾解放以后，全国各处建设同时并致，则所需科学技术人才自必更多。因此大量地建立新的大学，与专科学校，为最近的将来必须举办之事。但以训练人才又必需师资，势必在大学多设研究所，方能使日后高等学校的教师不致缺乏。同时广泛地推行科学普及教育亦要着手。中央文教委员会已拟定计划，推行普遍的识字运动，以扫除文盲。大量地设立农工子弟速成学校，给农工子弟以科学技术的常识。人民政协共同纲领文化教育政策中规定爱科学为人民共和国全体国民的公德之一。所谓爱科学就是要人人本着科学的眼光去做事,无论处理个人日常生活,或是承办国家大事,如同最近人民政府的赶修铁路、发行公债或抢救灾民,统要从科学的角度上去看,用科学的方法去做。科学在中国好像一株被移植的果树,过去因没有适当的环境,所以滋生得不十分茂盛;现在已有了良好的气候,肥沃的土壤,在不久的将来,它必会树立起坚固的根,开灿烂的花,而结肥美的果实。

来源:《科学》1950 年第 32 卷第 4 期。

金句摘抄:

科学在中国好像一株被移植的果树,过去因没有适当的环境,所以滋生得不十分茂盛;现在已有了良好的气候,肥沃的土壤,在不久的将来,它必会树立起坚固的根,开灿烂的花,而结肥美的果实。

程开甲

(李世刚、李世东绘)

程开甲（1918—2018），江苏吴江人。核物理学家，中国科学院院士。1941年毕业于浙江大学物理系，1948年获英国爱丁堡大学博士学位，任英国皇家化学工业研究所研究员。1950年回国，曾任浙江大学副教授，南京大学物理系副主任、教授。1960年加入中国核武器研究队伍，历任二机部第九研究所副所长，第九研究院副院长，核试验基地研究所副所长、所长，基地副司令员等职。为我国核武器事业和核试验科学技术体系的创立作出了开拓性贡献。1985年获国家科学技术进步奖特等奖，1999年被授予"两弹一星功勋奖章"，获2013年度国家最高科学技术奖，2017年被授予"八一勋章"，2019年被授予"人民科学家"国家荣誉称号。

创新是科学的生命之源

程开甲

一

我出生于江苏吴江盛泽，祖辈是做纸张生意的。祖父期盼着程家能出一个读书人，虽然他未能等到见着我，但我的到来似乎是对他在天之灵的安慰。由于早早失去了亲生父母的爱抚，我的童年并不幸福，年幼的我没人管教，整天就知道淘。上学了还是淘，只有连连蹲班，家人也奈何我不得。大概因为我还是程家的独根，随后大妈和当教师的五姐开始了对我的管教，从此我的学习上了轨，连跳两级，1931年我考进离家约20公里的浙江嘉兴市秀州中学，1937年我又以优异的成绩同时被上海交通大学机械系和浙江大学物理系录取。浙江大学给了我极个别优等生才能享有的公费生待遇，我选择了浙江大学。由于我的刻苦努力和优秀工作，又被杰出的英国著名学者李约瑟（Joseph Needham）教授推荐到英国爱丁堡大学，师从物理学大师、诺贝尔奖得主玻恩（Max Born）教授，于1948年获得哲学博士。

我是幸运的。在秀州中学我遇到了出色的教育家顾惠人校长，遇到数学老师姚广钧、教务主任俞沧泉等，他们对我的成长影响很大。来到浙江大学时，学校在享有盛誉的竺可桢教授管理下，已成为精英群集、学术气氛浓郁、被李约瑟教授称为"东方剑桥"（Cambridge East）的大学。在这里我遇到苏步青、陈建功、束星北、王淦昌等造诣很深的大师，学到他们求真务实、百家争鸣的科学精神。在爱丁堡，我得到了导师玻恩的真传。

在这样的幸运中，我要说的是"99%的汗水和1%的灵感造就天才"，是"刻苦"和"努力"。我忘不了当年我是怎样去学习的，为了学得多、学得透，熄灯后我就站在昏暗的路灯下、坐在楼梯上，甚至在厕所灯下继续读书，在煤油灯暗淡的灯芯边苦读三天两夜，为此我还赢得一个"程BOOK"的雅号；为了求学，不怕学校搬迁的艰辛，我忍着寒冷和饥饿在无棚运货火车里站了足足三天三夜。我深深地感到当年的刻苦和努力对我的一生是怎样的重要，也对古人的哲理领会得更深，我常常以我之见对小辈说"少壮不努力，老大徒伤悲"。

在秀州中学，我的数学和英文都学得很棒。数学老师要我们在学懂的前提下，熟记所有的公式和结果，做到举一反三。我不仅按照老师的要求去做，而且做得更多更好。我将圆周率背到60位，平方表、立方表全部印在脑子里，我在老师的指导下做课外的难题，学大学的微积分等，每做一道题我都力求用多种方法来解，这些都为我打下了非常好的数学基础。学校里的外籍英文教师采取"直接"教授法训练我们，在他们的训练和教授下，我十分刻苦和努力，学得很出色。当年我还代表学校参加浙江省四所中学英文演讲比赛，获得单项第一。来到浙江大学，我仍然十分刻苦和努力，即使在学校流亡的艰辛搬迁中，学校遭受敌机的轰炸，不少学生中途离开，我仍成为年级仅存的两名毕业生之一，还是很优秀的。在大学里，我不仅听物理系束星北、王淦昌等先生的课，还到数学系去听陈建功、苏步青的课，我的学习也引起他们对我的更多关注，我在他们的帮助下打下了更坚实的基础。

在导师玻恩教授那里，我更是争分夺秒，珍视每一个学习机会。为了祖国我拼命去学，拼命去获取知识。我十分珍惜导师给我的平均每天至少20分钟的交谈时间，为了这20分钟，我每天都刻苦和努力。我也十分珍惜导师安排我参加的每一次学术交流的机会，我十分努力地为参加交流做准备。参加会议中，我结识了许多真正的大师，如狄拉克（Paul Dirac）、薛定谔（Erwin Schrödinger）、泡利（Wolfgang Pauli）、玻尔（Niels

Bohr)、海森堡（Werner Heisenberg）、鲍威尔（Cecil Powell）等诺贝尔奖得主和索末菲（Arnold Sommerfeld）、海特勒（Walter Heitler）等教授，并在交流中不惧大师，努力阐述自己的观点，甚至去争论。我还从他们身上学到了对经典常规的超越、不断开拓新领域的精神。

我以为，没有刻苦和努力，成功绝无可能。

二

创新是科学的生命之源。面对所遇到的每一个问题，首先要有科学的态度，绝不能有束缚，不能跟着已有的跑，拿着现成的做些锦上添花的事。要有创新思维。我对自己、对学生、对每个共事者，都要求有自己的认识和解决问题的办法。不管是学习、科研、任务，我总是从不同的角度去思考和比较，总是立足于"新"，最后采用最好的和最有效的。只有创新，才有突破，才有发展，才有成功。当年我们搞核武器的研制、搞试验都是在国外对我们封锁的条件下，我们得不到资料，买不来所需的仪器设备，如果我们再没有创新的精神、艰苦奋斗的精神，我们就不会取得今天这样的成就。

我在上学时就很爱动脑筋，常有新的想法，还有"不见棺材不落泪"的钻劲和韧性。记得初中时，有一次我画了张大船模型图去找姚老师，我说我想造一条大船，用船的重量把大海的水压到船里去，水产生的冲力去带动发电机发电，发电机工作后可以开动船，然后再把船中的水抽出去，周而复始。还有一次，我想用平面几何的方法三等分角，结果做了几天几夜没有结果，后来才知道必须用群论才能完成。虽然这些都是错误或失败，但这样的尝试是应该提倡的。新意就是创新的雏形，要敢于想象、敢于坚持。对我来说这些都是思维方法、学习和工作态度的最初的培养，也是让我终生受益的。

大学二年级时，我就旁听王淦昌教授主持的"物理讨论"，从王先生那里我学到了两条诀窍：一条是紧跟前沿；另一条是抓住问题，扭住不放。

我曾经两次听王先生讲述中子的发现。他说，本来约里奥·居里早已从照片中观察到了一个无头的重径迹，但约里奥·居里粗心大意，主观臆断地认为这是 γ 射线碰撞粒子的径迹，没有认真地去研究它。后来，查德威克对这一现象认真地研究了好几个月，仔细地计算了它的动量、能量的交换关系，证明了这个重径迹必定来源于一个质量和质子相近的中性粒子的碰撞，从而发现了中子。由于这一发现，查德威克一举成名，获得了诺贝尔物理学奖。然后，王先生用德文结束了他的讲述："Rom ist nicht an einem Tag erbaut worden."意即"罗马绝不是一天建立起来的"。

王先生的教诲对我日后从事科研起着重要作用，使我特别注意科学研究的前沿，告诫自己，不盲从权威，要执着，要认真，要穷追不舍，要坚持到底。后来我也从不保守、不停留在前人已有的上面，总能有新的思维、新的方法和新的点子。当然也有由于我没有坚持而让我深感遗憾的事，当年我完成了一个很有意义的研究，还由李约瑟教授为论文润笔修改并带交给物理学权威狄拉克教授，只因大师回信说没必要搞这么多的基本粒子而搁置起来，这方面的实验工作在 20 世纪 80 年代获得了诺贝尔奖。

在日益养成的创新精神下，在大学里我就能大胆去做别人不敢想的事。听了陈建功教授的复变函数论，深受启发，就完成了论文《根据黎曼基本定理推导保角变换面积的极小值》，连老师都想不到我真的能做出来。后来我又去挑战新的课题，狄拉克教授曾经凑出了有名的狄拉克方程，但从没有人对此方程进行过证明，包括狄拉克本人。我采用相对论原理完成了对它的证明，后来论文《对自由粒子的狄拉克方程推导》由狄拉克教授推荐发表在《剑桥哲学学会会刊》上。再后来，在导师玻恩教授那里时，我接触到前沿的超导理论研究，我就深入进去，用新的思维去考虑超导机制，经过细致的分析研究，与导师共同提出了双带超导理论。20 世纪 90 年代我又研究发展了这一理论。

这种创新精神使我的科研和事业都受益匪浅。因为需要，我经常调换岗位，但我总能坦然面对，不满足于已有的，作出新的来。在南京大学，我和施士元先生一起努力建起了南京大学正式建成的第一个教研室——金属物理教研室。接着又建成南京大学核物理教研室,研制出南京大学第一台核物理实验用的双聚焦 β 谱仪。我还在讲课的基础上,在李正中的协助下完成出版了国内第一本《固体物理学》专著。

后来我投入到我国的核武器研制和试验的事业中,我和很多人一样,开始在一张白纸上开创着我们的事业。对于当初的我们来说,一切都是陌生的、未知的,我们需要用已有的基础去认识和解决面临的每一个新问题,创新的思维和方法就变得非常重要。在原子弹的总体设计中,原子弹爆炸时弹心的压力和温度是很关键的,如何得到它们?经过苦苦思索,我研究提出了合理的"TFD"模型,大家经过半年艰苦努力,终于第一次给出了所需的结果。为此,负责结构设计的郭永怀对我说:"你的高压状态方程可帮我们解决了一个大难题!"在武器的试验中,我们同样有各种各样的新问题。比如最初,我和吕敏、陆祖荫、忻贤杰在一起讨论我国第一颗原子弹爆炸的试验方案。我认为第一次试验就用空爆方式不妥,因为测试与起爆同步、落点瞄准、投掷飞机安全及保密性都存在问题。经过反复思考,我突破已有的条条框框,提出"百米高塔的爆炸方式",并支持了忻贤杰有线测控方案的建议,最后在张爱萍将军的主持下,新方式的试验得以实施。1999 年,朱光亚院士回忆到第一颗原子弹的塔爆,他说:"它不但使我国第一颗原子弹的时间提前了,更重要的是能安排较多的试验项目,用来监测原子弹动作的正常与否,检验设计的正确性。"还比如,我们进行地下核试验时遇到了棘手的安全问题,我就广开思路,提出分段堵塞自封的回填方案,很好地解决了难题。再有,我国的核武器研制,走的是理论、试验、设计相互依存的路。为了检验武器的设计,我们经过试验,将武器本身的理论研究、设计、制造与场区试验及测试有机地联系起来,通过试验和测试结果为武器的研制提供具有参考价值的各种数据,提出有实际意义的意见,改进设计,解决问题。这种研制和试验两者间的有机结合在国外的核武器发展过程中是没有的,这也是核武器研制和试验的"中国特色",一个真正的创新。在我国核武器的研制和试验中,遇到的新问题是很多的,我们都很好地解决了,诀窍就是创新。

再后来，我仍然以创新为根本，开展着国防科学研究和材料科学研究，直到现在。

创新的路也是艰难的，创新的成功不仅需要有自信，还要有求真的执着。求真是实现创新的重要条件，创新是在交流和争论中完成的。我每每提出新的观点和新的方法时，总会引出各种各样的意见或争执，我又执着好争，常常成为争论的中心。同样，一有问题我也非弄个水落石出不可，每次业务和技术会，我们都讨论得很细很细，绝不放过任何疑点。我还非常性急，往往不顾别人的感受，有时真得罪了人。但我的坚持也是有效的，比如我提出的测试全屏蔽的严格要求——不允许有一丝泄漏的要求得到实施，使任务完成得很出色，达到周总理提出的"稳妥可靠，万无一失"的要求。

三

常有人问我对自身价值和追求的看法，我说"我的目标是一切为了祖国的需要"，"人生的价值在于贡献是我的信念"。

正因为这样的信念，我才能将精力全部用于我从事的科学研究和事业上。说实在的，我满脑子自始至终也只容得下科研工作和试验任务，其他方面我就很难得搞明白。一次，有人对我说"你当过官"，我说"我从没认为我当过什么官"，我从来就认为我只是一个做研究的人。

我以为我们每一个人都有自己的追求。作为中国人，追求的目标应该符合祖国的需要。当年，我从英国回来，想的就是祖国的需要，就是我怎样为祖国出力，怎样报效祖国。因此，当导师玻恩教授劝我将妻女接到英国时，我考虑的是祖国需要我、我需要祖国，当时让我为难的是如何向导师解释，不伤导师的一片苦心。几十年后，有人问我当初的决定怎样想，我说我对回国的选择一点也不后悔，我说如果我不回国，可能会在学术上有更大的成就，但绝不会有现在这样幸福，因为我所做的一切，都和祖国紧紧地联系在一起。回国后，我一次又一次地改变我的工作，我一再从零开始创业，但我一直很愉快，因为这是祖国的需要。

我以为实现目标就是作贡献，人也只有作出贡献才能体现存在的价值。以前我与陈芳允经常在一起讨论存在的价值，我们都认为只要活着就应该活出价值，所以当我们俩都到了八十好几的时候，都还继续着我们应该做的事，毫不懈怠，总要去做最能实现自身价值的创新工作。我们努力了，我们也就无憾了。

四

一生中，我遇到过很多人，我的小学、中学、大学的老师，我的同事和战友，我的领导，他们都是那样的真诚，由于真诚相待，我们都成了好朋友。与我国核试验基地首任司令员张蕴钰共同从事核武器试验的时候，他从方方面面给了我极大和无畏的支持。正是有了他和像他这样的好朋友，我才很好地闯过了一些难关。在学术研究中，我有许多永远有讨论不完话题的朋友。我们在学术上相互透明、相互支持、相互帮助，大家都得益匪浅。

一生中，我也遇到过很多人，特别是在工作和生活里，我都真诚待人。工作中，只有竭尽全力做好，没有你我之分、没有攀比，不考虑我应该得到什么。生活上，谁有难找我，我不会推就，自己并不轻松，也要尽力帮帮。记得有人曾对我说过"你真傻，完成了就算了，也不总结总结"。我说没什么关系。就是现在也一样。有时我为别人的研究出出点子，成功后，有人为我不平，我想这有什么呢，做出来就好，只怕不成功。我是个性子特急的人，一发现工作做得不细、出了问题，就会跟人急，特别是在研究所时，任务的压力大极了，往往会发火，先批一顿再说。所以，就是到现在，有人可能还会记着我当年的"火"。我想，我的方法是不太好，但我还是完全从工作出发，对的是事而不是人，真心要大家都好，所以事后我不会记发生过的事，即使争吵得不可开交，仍然不会记心上。多少年后，有人跟我提起当年，我说"你不提，我还真忘了呢"。

但是，我也真的有终生遗憾。我在浙江大学的恩师束星北教授，在我求学和工作期间，给了我很多帮助，我一直感恩不尽。没有料到，1951年思想改造运动中，我幼稚的发言让束星北教授不能理解，在恩师的有生之年又一直没有机会当面恳请原谅。

我以为，为人应该正直、善良，严于律己、善以待人。"善良、诚信、宽容"是人际交往的基本准则，这也是我始终自觉信奉和遵守的。

来源：《创新·拼搏·奉献：程开甲口述自传》，程开甲口述，熊吉林、程漱玉、王莹莹访问整理，湖南教育出版社2016年版。

金句摘抄：

创新是科学的生命之源。面对所遇到的每一个问题，首先要有科学的态度，绝不能有束缚，不能跟着已有的跑，拿着现成的做些锦上添花的事。要有创新思维。……只有创新，才有突破，才有发展，才有成功。

吴文俊

(李世刚、李世东绘)

吴文俊（1919—2017），籍贯浙江嘉兴，出生于上海。数学家，中国科学院院士。1940年毕业于交通大学数学系，1949年获法国斯特拉斯堡大学博士学位。1952年任中国科学院数学研究所研究员。在拓扑学和数学机械化两个领域作出了奠基性和开拓性贡献。获中国科学院1956年度科学奖金一等奖，1978年获全国科学大会奖，获2000年度首届国家最高科学技术奖，2019年被授予"人民科学家"国家荣誉称号。

认识与选择

吴文俊

经过那么多年的动荡,当时国内很多数学家都在思考一个问题:中国数学将如何进步?中国数学处于劣势,怎么样把劣势转变成优势呢?

我非常清楚一点,就是如果我们经常跟着外国人的脚步走,往往花很大的力气从事对某种猜测的研究,希望能够解决或者至少推进一步,但是不管你对这个猜测证明也好,推进也罢,仍然是跟在别人后面。

提出猜测的人,就好比老师出了一个题目;而解决猜想的人,即使你把它解决了,也无非是做好了老师的题目,还是低人一等。出题目的老师还是高你一等。换句话说,数学里面很多猜测中,提出猜测非常重要,它需要多方面的考虑才会形成。当然,不管谁提出来好的问题、我们都应想办法对其有所贡献,但是不能止步于此。我们应该出题目给人家做,这个性质是完全不一样的,就好像别人已经开辟出了一片天地,你在这片天地中,即便翻江倒海、苦心经营,也很难超过人家,这片天地终究是人家的。

这个问题怎样解决?要创新,做开创领域的工作,这是最重要的创新。要开拓属于我们自己的领域,创造自己的方法,提出自己的问题。

"文化大革命"时期,我学习《毛泽东选集》,从中得到许多启发。毛泽东有一句话叫"你打你的,我打我的",我觉得这话说得非常好。结合数学研究,就是你国外干你国外的数学,我在国内寻找我的道路、方法。那个时候我已经研究了一段时间的中国古代数学,得到一种启示:不必照西方的道路走，而是走另外一条道路。

来源：《走自己的路——吴文俊口述自传》，吴文俊著，湖南教育出版社 2015 年版，有删节。

金句摘抄：

要创新，做开创领域的工作，这是最重要的创新。要开拓属于我们自己的领域，创造自己的方法，提出自己的问题。

黄昆

（李世刚、李世东绘）

黄昆（1919—2005），籍贯浙江嘉兴，出生于北京。物理学家，中国科学院院士。1941年毕业于燕京大学物理系，1944年获北京大学理学硕士学位，1948年获英国布里斯托大学博士学位。1951年回国后在北京大学物理系任教，1977年调至中国科学院半导体研究所任所长。为我国固体物理学和半导体物理学发展做出了奠基性和开拓性贡献。1995年获陈嘉庚数理科学奖，1995年度何梁何利基金科学与技术成就奖，2001年度国家最高科学技术奖。

关键要敢于和善于创新[①]

黄昆

首先感谢党和国家授予我们国家最高科学技术奖,感谢江总书记亲自为王选同志和我颁奖。国家科学技术奖的设立,体现了党和国家对科学技术工作的高度重视和对广大科技工作者的亲切关怀。获得国家科学技术奖,不只是我们个人的光荣,更是我国广大科技工作者的光荣。

我 1951 年回国,亲身经历了祖国面貌从建国初期的百废待兴到现在的繁荣昌盛、科学技术从弱到强的历史过程。1956 年,在毛主席和周总理的领导下,我国制定了 12 年科学技术发展远景规划,确立了独立自主、自力更生发展科学技术的方针。1978 年,在邓小平同志的倡导下,我国召开了全国科学大会,迎来了我国科学技术工作的春天。在世纪之交,江总书记指出:"历史反复证明,推进科技发展,关键是要敢于和善于创新。有没有创新能力,能不能进行创新,是当今世界范围内经济、科技竞争的决定性因素。""希望我国广大科技工作者,牢记自己的历史使命,坚持创新、创新、再创新!"我们一定要深刻领会江总书记对科技工作的指示精神,不断加强科学研究和技术创新,勇攀科学高峰,为我国的社会主义现代化建设提供强大的科技支持。

回顾半个多世纪的科研经历,我深深体会到:科学研究贵在创新,要做到"三个善于",即善于发现和提出问题,善于提出模型或方法去解决

[①] 编者注:此文为黄昆在 2002 年 2 月 1 日召开的国家科学技术奖励大会上的发言。

问题，善于作出最重要、最有意义的结论。其中最关键的是善于抓住机遇，发现和提出问题。对科技工作者来说，拓宽知识面，深入进行研究是重要的，但最重要的是提高驾驭和运用知识的能力。大多数开创性研究并不是想象的那么复杂和深奥，关键是确立少而精的目标。

进入新世纪，我国经济繁荣，民族团结，社会稳定，各项事业蓬勃发展，国际地位不断提高。党和国家高度重视科学技术的发展，实施"科教兴国"战略，加大了人才培养和引进的力度，我国的科技工作者在科学技术领域取得了丰硕成果。我们相信，只要广大的科技工作者认真贯彻落实"三个代表"重要思想，刻苦钻研、开拓创新，求真务实、埋头苦干，我们社会主义祖国一定能够成为世界科技强国。

来源：《中国科技奖励》2002年第1期。

金句摘抄：

科学研究贵在创新，要做到"三个善于"，即善于发现和提出问题，善于提出模型或方法去解决问题，善于作出最重要、最有意义的结论。

邹承鲁

（李世刚、李世东绘）

邹承鲁（1923—2006），籍贯江苏无锡，出生于山东青岛。生物化学家，中国科学院院士。1945年毕业于西南联合大学化学系。1951年获英国剑桥大学博士学位。历任中国科学院上海生物化学研究所副研究员、研究员，中国科学院生物物理研究所研究员。在生物化学领域作出了具有重大意义的开创性工作。作为主要成员参与完成了人工全合成结晶牛胰岛素的研究工作。两次获国家自然科学奖一等奖，获1989年度陈嘉庚奖，获2003年度何梁何利基金科学与技术进步奖。

我的科研选题三原则

邹承鲁

我自从 1949 年研究生时期在英国 *Nature* 上发表第一篇论文后，在导师指导下进行选题开始，迄今已有半个世纪。在半个世纪的研究工作中，共在国内外科学刊物上发表学术论文二百余篇，对如何选择研究课题积累了一些经验。现将我选择研究课题的一些体会简述如下，以供青年同志们进行研究工作时参考。

我认为提出一个好的新研究课题必须遵循以下三个原则：

一、重要性

科学研究贵在创新，一篇在严肃的科学期刊上发表的研究论文，必须在某些方面有所创新，否则就没有发表的价值。但是所有的科学研究又都是建立在前人工作的基础之上，在此基础上有所发展，因此又必须对前人工作给以充分的评价。在论文中必须充分回顾与本人结果直接有关的前人工作，然后再恰如其分地介绍自己工作中的创新之处，这就是一篇研究论文引言中的主要内容。

选择一个研究课题，首先要考虑的当然是课题的重要性。科学研究贵在创新，简单重复前人结果不是科学研究，没有创新就没有科学的前进与发展。在这种意义上说，在科学研究上是没有银牌的位置的。因此科学上的重要性，首先要考虑的是创新性。必须仔细检索以确认是在世界范围内没有报道过的,当前根据关键词利用计算机进行检索是轻而易举的。在开始工作前,先进行计算机检索以避免与文献重复是绝对必要的。创新性又首先应该是在科学思想上,其次才是研究方法上。这两者又密不可分,没有科学思想上的创新,就谈不上研究方法上的创新,而没有研究方法上的创新,科学上的创新思想又往往难以实现。

所谓创新当然首先是指具体问题过去文献中没有报道过。对用一种材料已经研究过的问题,换一种材料进行类似的模仿性的研究虽然是允许的,在进入一个新的领域时,有时甚至是必要的学习阶段,但决不能说是高水平的研究。某些所谓填补空白的研究往往是这类换一种材料进行的模仿性研究。国际上一些高水平的学术刊物公开宣称不接受发表此类论文,高层次的创新是指学术思想上的创新。但是创新性又不是对科学问题重要性的全部考虑。重要性首先是课题完成后对学科领域今后发展可能产生的影响,影响的面越大,重要性越大。一个新思想的建立有时能开辟一个全新的研究系列甚至全新的研究领域。此类课题通常称之为所谓开创性研究,DNA 双螺旋结构的确立开创了分子生物学新学科,从而改变了整个生物学的面貌,无疑是 20 世纪最重要的工作之一。对学科领域今后发展可能产生的影响常常需要观察一段时间,这就是白居易说的"试玉要烧三日满,辨材须待七年期"。而判断一篇论文的影响常用的一项客观指标是对这篇论文的引用情况。引用率是一篇论文得到国际重视的一种客观指标,一般说来,一篇论文被引用次数越多,对科学发展的影响越大。自然国际上也有人反对以引用次数来评价一篇论文的水平。常被用来作为例子的是一篇 20 世纪 80 年代蛋白质浓度测定的论文,由于其简便和灵敏,多次被人引用。虽然多年来居于生物化学被引用次数最多论文的首位,却无人认为这篇蛋白质浓度测定的论文对生物化学的发展有很大影响。但是从反面看来,如果一篇论文发表以后如石沉大海,毫无反响,恐怕不能说是一篇重要的论文。

二、可能性

在确定了一个设想的重要性之后，还要着重考虑设想是否与现有的知识相矛盾。在开题前进行的文献查阅，既要查阅前人是否已经报道过类似结果，也要查阅是否与前人已有的结论相矛盾。与前人结论矛盾有时并不是坏事，纠正前人错误也是一种创新。前人结果越重要，予以纠正也越重要。即使是教科书中已经记载的结果有时也会有错误。

要全面掌握文献中所有有关报道。严肃对待文献中正反两方面的报道。对待文献，既不能盲目轻信，也绝对不可掉以轻心。首先不能盲目轻信前人的报道，对文献中错误结果的纠正本身就是一种创新。应该看到，文献中的结果都是在一定实验条件下取得的，在不同实验条件下，完全可能出现不同的结果。不能对文献报道不加分析盲目轻信，文献中出现的错误结果，有时是实验结果错误，有时是从正确的实验结果得出错误的结论，通常较少发生实验结果错误。但文献中有时会出现设计实验条件时考虑不周，对照实验不够，因而得到错误的实验结果。更为常见的是实验结果虽然正确，但对各种可能的不同解释考虑不周，从而得出错误结论的情况。因此，不能不加分析地轻信文献中的结论。但是，更不能对文献中已经牢固建立的结论掉以轻心。文献中业已稳妥建立的结论是经过前人大量工作的，发生错误的可能性极小，提出不同看法要经过认真的考虑，找出前人可能发生错误的原因，然后提出自己的想法。推翻已经得到广泛承认的结论更要付出大量艰苦的努力，绝不是轻而易举的。国内外都时常有人提出建立永动机的设想，这无疑是极为重要的，但由于违背了热力学基本定律，可以认为是不可能实现的。科学有其连续性，所有的创新都必然建立在前人成果的基础之上。从前人成功的结果吸取经验，从前人失败的结果吸取教训，才能超越前人，取得成功。学术思想上的创新和继承是一个矛盾的统一，只有充分掌握了前人成果才谈得上创新，否则只不过是无知而已。牛顿说得好："我看得更远，是因为我站在巨人的肩膀上。"在另一方面，如果仅在类似条件下盲目重复前人结果，作为学习是可以的，作为研究则完全是浪费时间。

在考虑可能性的时候，还应该想到，一个新设想既可能正确也可能错误，一个新的实验设计既可能得到正的结果，也可能得到负的结果。虽然有些课题，无论正负结果都有意义，但是在多数情况下，往往只有一种结果才是重要的，而另一种结果甚至没有发表的价值。对于此类课题，在结合其重要性和现实性予以综合考虑时，还要着重考虑获得有意义结果的可能性。

三、现实性

有了一个新的设想，并就现有知识看来实现新设想是重要的和可能的，还不足以开始进行研究，还不能说是已经提出了一个好的研究课题。例如治疗癌症，无疑是一个重要课题，并且也是可能实现的，但还不能说是已经提出了一个好的研究课题，还必须有一个既是现实可行的而又是可望成功的具体研究方案。没有一个现实可行的实施方案，任何设想都只是空想。所谓现实可行的实施方案是指所包含的全部实验方法都是已知的方法，或者是经过努力都是可以做到的方法。并且按方案进行，一般来说是可望成功的。

在有多个课题可供选择时，应该是重要性、可能性和现实性的综合考虑，重要课题通常难度较大。但对于得到正确结果时意义重大的课题，即使难度再大，只要有一个现实可行的实施方案，也应组织力量进行，力争予以实现。对于有一定意义，而又简便易行的课题，也可以安排适当力量进行。在当前国际科学界竞争激烈的情况下，通常很难找到意义重大而又简便易行的课题。任何重要设想的实现，都要付出艰苦的努力。

来源：《生理科学进展》2001年第3期，有删节。

金句摘抄：

科学研究贵在创新，简单重复前人结果不是科学研究，没有创新就没有科学的前进与发展。在这种意义上说，在科学研究上是没有银牌的位置的。

王选

（李世刚、李世东绘）

王选（1937—2006），籍贯江苏无锡，出生于上海。计算机文字信息处理专家，中国科学院院士，中国工程院院士。1958年毕业于北京大学数学力学系计算数学专业，后留校任教。1975年开始主持我国计算机汉字激光照排系统和之后的电子出版系统的研究开发，20世纪90年代初，其领导研制的华光和方正系统在中国的报社、出版社和印刷厂得到广泛普及，实现了我国出版业从"铅与火"到"光与电"的革命。1987年、1995年获国家科学技术进步奖一等奖，获2001年度国家最高科学技术奖，2018年被授予"改革先锋"荣誉称号。

破除迷信，勇于创新

王选

破除迷信，勇于创新，是一个永恒的话题。在中国加入 WTO 后，这一话题又被赋予了新的含义；特别是破除对杰出科学家和企业家的迷信，包括对跨国企业名牌产品，如 Intel 的 CPU 和微软 Windows 的迷信更是社会前进的重要动力。在科学研究中，我们应该尊重权威并虚心向权威学习，但是决不能迷信权威，而要有挑战权威的决心和信心。

一、科学研究中权威也会犯错误

20 世纪最伟大的科学家爱因斯坦曾竭力反对玻尔等人提出的量子力学统计解释，他也断言过"几乎没有任何迹象表明能从原子中获得能量"。核物理学奠基人之一的艾·卢瑟福也曾说过，"谁企图研究从原子转换中获得能量，那他是在干一件荒唐的事"。19 世纪末担任英国皇家学会会长的洛德·开尔文是一位极富革新精神的物理学家，但晚年却宣称"X 射线将会被证明是一种欺骗"，"无线电没有前途"。大发明家爱迪生曾强烈反对交流电，要求完全禁止使用。海王星的发现者西蒙·纽科姆曾断言"空中飞行是属于人类永远无法解决的问题"。

1956 年 6 月，李政道、杨振宁在《物理评论》杂志上提出"弱相互作用下宇称不守恒"。当时遭到了不少权威的反对：1954 年获诺贝尔奖的泡利（Wolfgang Pauli）愿押任何数目的钱来赌"宇称一定是守恒的"，他认为吴健雄做此实验是浪费时间,不会有结果;1952 年获诺贝尔奖的布洛克(Felix Bloch)则说,"宇称在弱相互作用下不守恒能得到实验证明,我愿意吃掉我的帽子"。

1970 年,人们认为基本粒子都可归纳为三种夸克。丁肇中对此表示怀疑,想进行有关的实验,却遭到几乎所有国家大型实验室的反对。1972 年至 1974 年,丁肇中等最终发现了一种全新的夸克。

著名企业家兼技术专家犯错误的例子也不少。发明磁芯存储器并开创文字处理机时代的王安,晚年跟不上开放式潮流而破产;敢于挑战 IBM,于 20 世纪 60 年代建立小型计算机王国的 DEC 创始人奥尔森(Ken Olsen),晚年却认为"PC 是不该出现的怪胎";"巨型计算机之父"克雷(Seymour Cray)晚年跟不上大规模并行计算的潮流而破产;以太网的发明人梅特卡夫(Robert Metcalfe)曾打赌"互联网在 2000 年前会出现瘫痪"。

曾任英国皇家学会会长、1904 年诺贝尔奖得主瑞利(John Strutt, Lord Rayleigh)曾发誓"60 岁以后不对任何新思想发表意见",这大概是因为他年轻时受到权威们的压制而引起的想法。有一句名言也许是有道理的:"当一位杰出的老科学家说什么是可能的时候,他差不多总是对的;但当他说什么是不可能的时候,他差不多总是错的。"

二、外国的名牌产品也并非无懈可击

20 世纪 80 年代我在从事激光照排系统研制时遇到的最大苦恼是,国内不少人只相信国外的名牌产品,这些产品有发明第四代激光照排机的英国 Monotype 出版系统,发明第三代 CRT 照排机的德国 Hell 公司的 Digiset 出版系统和对中文出版颇有研究的日本写研出版系统。80 年代初改革开放刚开始,面对洋货的冲击,国内很多人对国产系统缺乏信心。其实很多外国名牌产品具有根本的缺陷。Monotype 系统对字形的描述方法十分落后,直到 80 年代末还用黑白段方式。1985 年夏我去德国 Hell 公司参观时,他们正在转向激光照排,正在调试的控制器(称为 LS 210)与我们已完成设计并已申请专利的控制器相比，体积和元器件数量均大得多，无法与我们竞争，而当时还有人想把 Hell 的 LS 210 激光照排系统引入中国大报社。80 年代中期日本写研系统占领了日本 80% 的出版市场，海外的华文报业也大多用日本的系统。后来写研、森泽等日本公司没有跟上开放式潮流而市场份额逐渐萎缩，在中文出版市场上也很快被取代。

我国加入 WTO，外国产品蜂拥而入。寻找和发现国外名牌产品的不足是一种乐趣，也是创新的源泉之一。每个领域内出现新技术和新潮流的苗头时，就是实现跨越式发展和超越外国产品的大好机遇。我们要坚信，在很多领域内中国人能够比外国人做得更好，通过坚持不懈的努力，我们有机会进入国外市场。

三、鼓励年轻人在科学研究中敢于向权威挑战

一些著名科学家发扬民主、扶持年轻人的事迹应该成为我们的榜样。1922 年 6 月格丁根大学邀请哥本哈根学派的领袖玻尔去讲学。年仅 20 岁的格丁根大学研究生海森堡在听讲和讨论中居然对玻尔的某些论点提出异议，并激烈地辩论。当时已获诺贝尔奖的玻尔对这位年轻人的挑战十分欢迎，诚恳地邀他在讨论结束的当天下午一起散步，继续讨论。这次长时间散步时的谈话对海森堡的一生影响很大，后来他成了格丁根学派的代表人物。

有人问过玻尔："你有什么办法，把那么多有才华的青年人团结在周围？"玻尔回答说："因为我不怕在年轻人面前承认自己的不足，不怕承认自己是傻瓜。"

钱学森的导师冯·卡门（Von Karman）倡导学术民主。在一次美国航空年会上，钱学森刚讲完自己的论文，就有一位长者提出批评，而钱学森就和那位大教授激烈争辩起来。事后，冯·卡门对钱学森说："你知道你是在和谁争论吗？那是大权威冯·米赛斯（Von Mises）。但是你的意见是对的，我支持你。"有一次在学术讨论中，钱学森和冯·卡门争辩起来，

而钱学森仍坚持己见，结果冯·卡门十分生气，说了一些尖刻的话。事后冯·卡门经过思考，认定钱学森是有道理的。第二天一上班，年过花甲的冯·卡门爬了三层楼梯，到钱学森简陋的办公室内，向他的学生道歉，承认自己的错误。

邓小平同志在1978年召开的全国科学大会上说过："世界上有的科学家，把发现和培养新的人才，看作是自己毕生科学工作中的最大成就。这种看法是很有道理的。我们国家现在一些杰出的数学家，也是在他们年轻的时候被老一辈数学家发现和帮助他们成长起来的。尽管有些新人在科学成就上超过了老师，他们老师的功绩还是不可磨灭的。"

刚刚去世的著名数学家苏步青倡导并实现了"培养学生超过自己"的目标，被称为"苏步青效应"。希望我国能出现一大批"苏步青效应"。

来源：2003年4月8日《光明日报》。

金句摘抄：

在科学研究中，我们应该尊重权威并虚心向权威学习，但是决不能迷信权威，而要有挑战权威的决心和信心。

王绶琯

（李世刚、李世东绘）

王绶琯（1923—2021），福建福州人。天文学家，中国科学院院士。1943年毕业于重庆马尾海军学校造船科，1945年赴英国格林尼治皇家海军学院留学，后改学天文，任职伦敦大学天文台。1953年回国后，先后任职于中国科学院紫金山天文台、上海徐家汇观象台、北京天文台。曾任中国科学院北京天文台台长，中国科学院数学物理学部主任，中国天文学会理事长等职。开创了中国射电天文学观测研究，提高了中国授时讯号精度，推动了天体测量学发展。获1996年度何梁何利基金科学与技术进步奖。

创新时代更要讲科学精神

王绶琯

在经济新常态下,创新驱动发展的重要性更为突出。推动形成大众创业、万众创新的热潮,需要体制机制创新,也需要更好发扬科学精神。

科学精神源于探索科学真理、追求技术创新的科学活动。这里所谓的科学,既包括以认识自然为目的的自然科学,也包括运用由此得来的知识以扩展人类自身能力的技术科学。这两类科学在发展中犹如"源"与"流"相互依存。前者以其理性与思辨汇入人类精神文明的演进,往往被归入"科学文化";后者常被笼统地称作"科技",主导着人类物质文明的进步。

人们常把牛顿时期界定为现代科学的起点,其标志是认识自然的深度进入到本质层次。认识自然按深刻程度可以分为三个层次,第一是认识其存在和表象,第二是认识其表象的经验规律,第三是认识其本质的自然规律。前两个层次"知其然而不知其所以然",通常只对一事一物有效。历史上地心论、日心论、开普勒三定律都属于这个范围。第三个层次从"知其然"跃进到"知其所以然",适用范围遍及具有这种共同本质的所有事物。牛顿万有引力和力学定律是历史上这一层次的较早范例,从它的出现开始,自然科学被赋予"现代"的意义。

牛顿时期以来的300多年里,自然科学连同由之带动的技术科学,在人类社会精神文明和物质文明的发展中发挥了巨大作用,促使人们对它本身的属性、性质、发展规律、社会作用等进行详尽研究。由此归纳出它的思维方式、价值取向、行为规范等，总括在一起成为科学精神。科学精神在大众心目中是崇高的，认为它成就了求真和务实的品格、严谨和坚韧的作风、宽容和灵活的心态。作为一种文化现象，它浸润在社会的精神文明里。

现代科学把认识自然的深度推进到本质层次，生成现代意义上的技术科学体系，并带来现代技术发展万马奔腾的局面。现代科学机制成功运作，取得巨大成就。而科学精神所体现的智慧和力量，也就是科学工作者应具有的心态和行为修养，是实现这种成功的精神要素。这种修养是从历代科学成功事例中归纳总结出来的。科学精神虽然针对的是科学行业，但也普遍为其他行业所推崇。这是因为，科学作为社会分工中的一个行业，其任务是认识自然，属于"求真"。科学精神就是一种求真精神。社会上其他行业虽然任务不同，但都要"求真"，都要有科学精神。

作为科学文化，科学精神所体现的智慧和力量，属于社会整体的一个部分，受哺于社会并反馈社会。所以，对于一个社会来说，科学精神强则百业兴人才盛，尤其是科学人才兴盛。一个社会的科学精神会因科学精英辈出而更加丰富。

科学精神主要体现在修养上。修养依靠陶冶体验，是实践的积累。不同行业的修养有不同特点。对于科学行业的修养特点，这里主要谈两点：

一是现代科学是一个艰辛的"试错"过程。面对深层次认知与创造的挑战，科学精神的修养实质上就是"知错—改错"。孔子曾经赞许其弟子颜回注重修养，能做到不重复错误（"不贰过"）。这是非常难得的。重大科学发现是稀有机遇，往往"众里寻他千百度"，却在"蓦然回首"之间遇到。认识到这种规律，怀着有准备的心态去坚持，需要很高的修养。

二是现代科技在推动社会进步的同时创造巨大社会财富，而作为这一链条始端的自然科学却不以任何实际功利为目的。这种反差往往会对"求真"产生压力和诱惑。对抗种种干扰，更需要精神力量的支撑，需要淡泊明志、宁静致远。在这方面，我国传统文化有着丰富的养料。

来源：2015 年 1 月 22 日《人民日报》。

金句摘抄：

科学作为社会分工中的一个行业，其任务是认识自然，属于"求真"。科学精神就是一种求真精神。

席泽宗

(李世刚、李世东绘)

席泽宗（1927—2008），山西垣曲人。天文学家，科学史专家，中国科学院院士。1951年毕业于中山大学天文系，同年分配至中国科学院编译局。1957年入职中国科学院自然科学史研究室，1983—1988年任中国科学院自然科学史研究所所长。长期从事古代天象记录的现代应用、中国出土天文文献整理、天文学思想史研究、夏商周断代工程的研究整理等工作。获2000年度何梁何利基金科学与技术进步奖。

中国传统文化里的科学方法

席泽宗

1933 年 6 月 10 日爱因斯坦（Albert Einstein）到英国牛津大学讲《关于理论物理学的方法》，开头第一句就是："如果你们想要从理论物理学家那里发现有关他们所用方法的任何东西，我劝你们就得严格遵守这样一条原则：不要听他们的言论，而要注意他们的行动。对于这个领域的发现者来说，他的想象力的产物似乎是如此必然和自然的，以致他会认为，而且希望别人也会认为，它们不是思维的创造，而是既定的实在。"

我国杰出科学家钱学森也有类似的看法。他在《为〈科学家论方法〉写的几句话》中说道："科学研究方法论要是真成了一门死学问，一门严格的科学，一门先生讲学生听的学问，那大科学家也就可以成批培养，诺贝尔奖金也就不稀罕了。"

爱因斯坦和钱学森的话都是经验之谈。的确，科学研究没有纯粹的逻辑通道，卓有成效地运用各种方法的能力，只能来自科学研究的实践活动。纯粹的方法论研究，只能够给人以借鉴和启发，从而增强研究主体方面的理论修养，起到一定的帮助作用。

近代我国学者中讨论科学方法最多的一个人是胡适。1952 年 12 月他在台湾大学广场讲《治学方法》，一连三天，听的人，人山人海，可谓盛矣。第一天是"引论"，他说："我们研究西方的科学思想，科学发展的历史，再看看中国二千五百年来凡是合于科学方法的种种思想家的历史，知道古今中外凡是在做学问做研究上有成绩的人，他的方法都是一样的。古今中外治学的方法是一样的。方法是什么呢？我曾经有许多时候，想用文字把方法做成一个公式、一个口号、一个标语、扼要地说出来；但是从来没有一个满意的表现方式。现在我想起我二三十年来关于方法的文章里面，有两句话，也许可以算是对治学方法的一种简单扼要的概括。那两句话就是：大胆的假设，小心的求证。"

大胆假设和小心求证，二者不是并列，重要的是求证。第二天讲"方法的自觉"，举1860年赫胥黎（Thomas Henry Huxley）的儿子死了以后，宗教家金司莱（Charles Kinsley）写了一封信给他，劝他趁这个机会，"应该想想人生的归宿问题吧！应该想想人死了还有灵魂，灵魂是不朽的吧！"赫胥黎回信说："灵魂不朽这个说法，我并不否认，也不承认，因为我找不出充分的证据来接受它。我平常在科学室里的时候，我要相信别的学说，总得要有证据。假设你金司莱先生能够给我充分的证据，同样力量的证据，那么，我也可以相信灵魂不朽这个说法。但是，我的年纪越大，越感到人生最神圣的一件举动，就是口里说出和心里觉得'我相信某件事物是真的'；我认为说这一句话是人生最神圣的一件举动，人生最大的报酬和最大的惩罚都跟着这个神圣的举动而来。"

赫胥黎的这种彻底的唯物主义的态度和严肃认真的精神，是许多科学家做不到的。胡适称赞说："无论是在科学上的小困难，或者是人生上的大问题，都得要严格地不信任一切没有充分证据的东西。这就是科学的态度，也就是做学问的基本态度。"

"拿证据来！"这不仅是手电筒照别人，还要照自己。胡适说："方法的自觉，就是方法的批评；自己批评自己，自己检讨自己，发现自己的错误，纠正自己的错误。"他又说："做学问有成绩没有，并不在于读了逻辑学没有，而在于有没有养成'勤、谨、和、缓'的良好习惯。"这四个字是宋朝的一位参政（副宰相）讲"做官的四字诀"，胡适认为拿来做学问也是一个良好的方法：第一，勤，就是不偷懒，要下苦功夫。第二，谨，就是不苟且，不潦草。孔子说"执事敬"就是这个意思；"小心求证"的"小心"两个字也是这个意思。第三，和，就是虚心，不固执，不武断，不动火气。赫胥黎说:"科学好像教训我们:你最好站在事实的面前,像一个小孩子一样;要抛弃一切先入的成见,要谦虚地跟着事实走,不管它带你到什么危险的境地去。"这就是和。第四,缓,就是不着急,不轻易下结论,不轻易发表。凡是证据不充分或者自己不满意的东西,都可以"冷处理""搁一搁"。达尔文的进化论搁了20年才发表,就是"缓"的一个典型。胡适认为,"缓"字最重要,如果不能缓,也就不肯谨,不肯勤,不肯和了。缓与急相对,1984年茅以升为《科学家论方法》第一辑题词曰:"在情况明、方法对的条件下,还有'急事缓办,缓事急办'这另一层功夫,权衡急徐,止于至善。"这就把中国传统文化中科学方法引向了更深的一个层次,具有辩证法的意义。

胡适在台湾大学演讲的第三天,题目是"方法与材料",尤为精彩。他说:"材料可以帮助方法;材料的不够,可以限制做学问的方法;而且材料的不同,又可以使做学问的结果与成绩不同。"他用1600年到1675年,75年间的一段历史,进行中西对比,指出所用材料不同,成绩便有绝大的不同。这一段时间,在中国正是顾炎武、阎若璩时代。他们做学问也走上了一条新的道路:站在证据上求证明。顾炎武为了证明衣服的"服"字古音读作"逼",竟然找出了162个例证,真可谓"小心求证"。但是,他们所用的材料是书本到书本。和他们同时代的西方学者则大不相同,像开普勒(Johannes Kepler)、伽利略(Galileo Galilei)、牛顿(Isaac Newton)、列文虎克(Antonie van Leeuwenhoek)、哈维(William Harvey)、波义耳(Robert Boyle),他们研究学问所用的材料就不仅是书本,他们用作研究材料的是自然界的东西。他们用望远镜看到了以前看不清楚的银河和以前看不见的卫星;他们用显微镜看到了血球、精虫和细菌。结果是:他们奠定了近代科学基础,开辟了一个新的科学世界。而我们呢,只有两部《皇清经解》做我们300年来的学术成绩。双方相差,真不可以道里计。胡适最后结论说:

"有新材料才可以使你研究有成绩、有结果、有进步。我们要上穷碧落下黄泉,动手动脚找东西。"用我们现在的话说就是:要利用各种工具,不辞辛苦，获取信息，在不断扩充材料的基础上才能做出成绩来，光有方法是不行的。

　　胡适谈到了清代考据之学大盛，却没有找出其原因。我们认为，明末清初有两拨人，他们政治上是对立的，但学术思想则殊途同归。一拨是明末遗民，如顾炎武、王夫之，一拨是清朝新贵，如康熙、乾隆等。前者对明朝的灭亡进行反思，反思的结果是：王阳明违背了儒家的教导，空谈心性，导致了明朝的灭亡。后者是一个文化落后的民族，要统治文化先进而人口众多的汉民族，就必须学习汉文化，从汉文化的经典中寻找治国平天下的办法。这样，就不约而同地都要"回归六经"，了解经书的真谛。没有想到，正当我们的先辈们把"回归六经"作为自己奋斗目标的时候，西方科学技术却迈开了前所未有的步伐。直到西方人的坚船利炮打开了我们的大门，我们才恍然大悟，发现自己已经大大落后了。

　　　　　　　　　　来源：《自然科学史研究》2013年第3期，有删节。

金句摘抄：

大胆假设和小心求证，二者不是并列，重要的是求证。

南仁东

（李世刚、李世东绘）

南仁东（1945—2017），吉林辽源人。天文学家。1968年毕业于清华大学，1987年获中国科学院研究生院博士学位。曾任中国科学院国家天文台研究员，国家重大科技基础设施"500米口径球面射电望远镜（FAST）"首席科学家和总工程师。1994年起，历时20余年，为FAST选址、预研、立项，直到工程建设、关键技术攻关等作出了不可替代的卓越贡献。2017年被中宣部追授"时代楷模"荣誉称号。2019年被授予"人民科学家"国家荣誉称号。

来自太空的召唤

南仁东

我们的祖先日出而作、日落而息，太空天象昭示他们种植、放牧与迁徙。太空是人类与自然交流的永恒话题，探索其神奇是人类与生俱有的天性。唐人王勃在《滕王阁序》中就曾书写过飞天的快乐："落霞与孤鹜齐飞，秋水共长天一色。"科技发展至今，各门学科在太空探索中交融并进，人类在空间探索中展示其求知欲和进取心，思索生命和文明的本质。

如果将地球生命36亿年的历史压缩为一年，那么在这一年中的最后一分钟诞生了地球文明，而在最后一秒钟人类才摆脱地球的束缚进入太空无垠的广袤。

1957年人造卫星"斯布特尼克-Ⅰ"实现了人类航天之梦；1969年阿姆斯特朗的左脚踏上月球，人类向太空跨出一大步；1976年"海盗1号""海盗2号"软着陆火星，三项成功的科学实验终结了火星人的猜测；1989年"伽利略号"飞船升空，6年太空之旅后到达木星，它告诉我们木卫二的冰壳下的水是有咸味的；1990年耗资亿万的"哈勃"太空望远镜在60万米高空开光，十多年来它把宇宙神秘、壮丽的图像不断地传到千家万户；2004年初，人类7个探测器在太空一个橘红色的斑点处汇聚，地球人大举"入侵"火星……

短短半个世纪，有几百个太空飞行器由地球出发，在太阳系深空穿梭绕行，在4个星球上成功软着陆；无以数计的地球卫星给地球套上了一个和土星差不多的光环；巨大的空间站已经成了真正的天上宫阙。太空科技的成就深刻地影响着人类生活的方方面面；利用卫星云图预测天气；从遥感数据库中去估算麦子的产量和水灾损失；在人迹罕至的角落通过卫星收看世界杯实况……现在，尽管人类已经习惯了太空科技带来的便利，但在万籁俱静的夜晚，当我们仰望天空时，仍不免会问：我们是谁？我们从哪里来？我们是否孤独？茫茫宇宙有没有我们的同类，地球之外有没有其他文明？

1972年"先驱者10号"带着地球名片和地球人向遥远邻居的问候，借助木星强大的引力场永远地飞出太阳系，25年后地面射电天文望远镜还能听到它微弱的恋乡之音。众多以搜索星际通讯为手段的地外文明探索计划，没有找到任何蛛丝马迹；没有任何科学证据表明我们的地球曾经被造访；地球之外没发现甚至最低等的生命印记。

没有找到存在的证据，不等于找到了不存在的证据。近些年来，地球生命生存环境极限的拓展，大量地外水存在证据以及太阳系外大量行星系统的发现，都使人类相信生命不应该是地球这颗行星上的偶然神秘事件，我们也许有很多文明的邻居。我们为什么没有他们的一点消息？是因为人类还没有真正理解生命和文明的本质，还是因为文明本身也许是一个转瞬即逝的过程？如果是后者，即使各种文明在宇宙中频繁出现，它们之间也难以相遇；即使两个星球上的文明进程碰巧"同步"，遥远的星际距离也只会让他们擦身而过。

地外文明搜索也许永远没有音信，也许明天就会成功。一旦证实在地球之外还有生命甚至其他文明存在，它无疑将使人类重新认识自身在自然中的位置。16世纪哥白尼用日心说取代地心说，神学的大厦崩塌，人类被踢出几何宇宙的中心，但他们还没离开生物宇宙的中心；地外文明的存在一旦被证实，新的一场革命将比哥白尼更透彻——人类及其文明是平凡平庸的，没有什么是独一无二的。

来源：《生命世界》2004年第2期。

金句摘抄：

太空是人类与自然交流的永恒话题，探索其神奇是人类与生俱有的天性。

求实篇

钱三强

(李世刚、李世东绘)

钱三强（1913—1992），籍贯浙江湖州，出生于浙江绍兴。核物理学家，中国科学院院士。1936年毕业于清华大学，1940年获法国巴黎大学博士学位。曾任法国国家科学研究中心研究员，1948年回国，历任清华大学物理系教授，北平研究院原子学研究所所长，中国科学院近代物理研究所（后改为原子能所）所长，第二机械工业部副部长，中国科学院副院长，中国物理学会理事长，中国核学会名誉理事长等职。从事核物理相关领域的研究，为中国原子能事业做出了开拓性和奠基性贡献。1999年被追授"两弹一星功勋奖章"。

回忆我在居里实验室前几年的岁月

钱三强

1936年夏天,我告别了清华园,走上了社会。我毕业后,有两个可供选择的前途:一个是到南京军工署研究机构工作,另一个是到北平研究院物理研究所去。我选择了后者。所长严济慈先生分配我从事分子光谱方面的研究,并兼管研究所的图书室。一个星期六的下午,严先生找我去谈话。他取来一本法文科技书,让我念给他听听。他听了一会,说:"法语程度还不错嘛!"之后,才告诉我为什么要考察我的法文,原来是想让我去考中法教育基金委员会到法国留学的公费生。当时有三个留法名额,其中之一是到居里实验室去学习镭学。严先生希望我能去学习这种当时最前沿的学科。在他的支持和鼓励下,我考上了。1937年夏天,我就进入了世界闻名的居里实验室。

居里夫人发现了镭,是放射化学和原子核物理学的奠基人。居里夫人即使在成名之后,很长时间内也还没有一个真正的实验室。直到她的晚年,法国政府才拨款在巴黎大学建造了一个镭学研究所,由她主持研究工作。居里实验室就是镭学研究所的组成部分。可惜由于多年的劳累,加上早期放射性工作缺少必要的防护而受到的损伤,居里夫人身体日益衰弱,终于在1934年与世长辞。她逝世后,居里夫人的长女伊莱娜和她的丈夫弗莱德里克·约里奥继承了前一辈的事业。

20世纪30年代的居里实验室,保持了世界上最先进最重要的原子核科学研究基地之一的地位。这并不是依靠了居里夫人的名声,而主要是由于约里奥-居里夫妇的一系列杰出的工作。我能够在弗莱德里克·约里奥和伊莱娜·居里夫妇领导下做研究工作，实在是我的幸运。

我到了巴黎之后，跟着约里奥先生做博士论文实验设备的准备工作。在实验室，我尽量多干具体的工作，除了自己的论文工作以外，一有机会就帮别人干活，目的是想多学一点实际本领。我找到伊莱娜夫人，提出希望参加一点放射化学的实验。她把我介绍给化学师郭黛勒（Sonia Cotelle）夫人，我就协助她一起制备放射源。在清华学到的吹玻璃技术，这时也发挥了作用。由于我工作主动肯干，又比较虚心，所以郭黛勒夫人就对实验室里的其他人说："你们有什么事做不了，要人帮忙的话，可以找钱来做。他有挺好的基础，又愿意效力。"人家问我，你为什么要这样干？我说我比不得你们，你们这里有那么多人，各人干各人的事。我回国后只有我自己一个人，什么都得会干才行。例如放射源的提取，我自己不做，又有谁能给我提取呢？所以样样都得学会才行。

这样，我在实验室里待了两年，东问问，西问问，增加了不少知识和技能。1939年初，伊莱娜·居里夫人又给我一个课题，让我协助她测定铀和钍在中子轰击下产生的放射性镧的 β 能谱，以证实是相同的裂变产物。在居里实验室工作的，还有不少其他国家的科学工作者。在约里奥和伊莱娜领导下，大家合作得很融洽，是一个非常好的国际科学集体。

但实验室外面的局势，却总使我心中十分不安。中国正受到日本的侵略，我的父亲也由于忧愤过度而与世长辞了。我那时还不太清楚法国战败的严重程度，事实上德国已逼近巴黎。有一天，经法国友人的提醒，我们也开始了逃难。所谓逃难，就是骑上自行车，向巴黎西南方向逃去。走了两天多，就不能往前走了，原来德国军队已赶在前面，把我们这些巴黎难民都拦住了。于是，只好又坐火车折返巴黎。我回到巴黎之后，心情很是沉重。不但祖国被入侵，家园沦陷，法国也落入希特勒法西斯之手了。进退乏路，报国无门。再有，就是现实的困难，到八月份，中法教育基金会的公费就断了。回国不行，留下来也没有生计，怎么办呢？有一天，我在一条小路上散步沉思，突然抬头看见约里奥先生正向我走来，我吃了一惊，因为我没想到他也没有走。

事后我才知道，弗莱德里克·约里奥和伊莱娜·居里夫妇原来是决定要走的，并且已经离开了巴黎，到了法国南方的克莱蒙弗朗，准备上船。可是，临时他们想想不能走。"我们走了，法国怎么办？"于是，他们把当时能够弄到的重水（重水是当时认为可能制造原子堆所需的重要材料）托付给两个可靠的学生运走，自己却回到了巴黎。我向约里奥先生诉说了自己的处境。他听了之后说，只要我们自己能活下去，实验室还开着，就总能设法给你安排。当时约里奥-居里夫妇尚可以支配居里基金，就把我留到她的实验室继续工作了。

巴黎沦陷后，德国人也占领了法兰西学院的核心化学实验室。名义上占领这个实验室的是德国的核物理学家玻特教授。也有盖世太保在实验室监视，但一般情况下不干涉约里奥-居里及其手下人的科学工作。约里奥先生做学术报告时，玻特教授也来听听。表面上似乎和平相处得不错，所以社会上有一种说法，说约里奥先生与德国人"合作"了，意思就是妥协投降了。但实际上，约里奥先生却在从事地下救亡活动。约里奥先生的助手和学生中，许多都是法国共产党的党员。就这样，约里奥-居里的实验室，表面上是处在德国占领之下，实际上却是地下活动的据点。

我在沦陷后的巴黎度过了1940年和1941年。虽然在科学工作上又有了不少长进，但心中总是很不安，一直思念着自己的祖国。这时，从里昂方面传来一个消息，说法国南方还有船开往中国，但不定期，要等机会。听到有这种可能性，我就决定回国。1941年底，我从巴黎来到里昂，在那里暂停，住在中法大学宿舍里，打听船的消息。谁知道一打听又说是走不成了，根本没有这种可能性。里昂大学物理系有个物理研究所，我就到那里临时做点工作。

既然不可能回祖国，在里昂长住下去总不是办法，于是想能否再回到巴黎去。但回去可不是那么容易的事。因为法国当时被分为"自由"区和占领区，巴黎属于德国直接占领地区，而里昂却属于维希政府（傀儡政府）管辖的地区。来往于两者之间是要签证的，等于出入国境一样。我已到了

"自由"区，就不容易回巴黎了。

我给约里奥先生写了一封短信，问问情况。当时伊莱娜夫人身体很不好（与她的母亲一样，是受了放射性的影响之故），每年冬天都到法国瑞士边境的一个疗养区休息养病。她在疗养地（属于"自由"区）写信给我，约我去谈谈。我到那里去陪伴了她两三天。她说既然你回国无路，只要你愿意，约里奥可以帮你弄到回巴黎的签证。1943年1月，我得到了签证，回到巴黎，在居里实验室继续进行我的研究工作。

总起来说，我在居里实验室的头八年中，在那样一个学术空气的熏陶下，通过多样化课题的研究，获得了原子核物理学和放射化学的基础知识，积累了科学工作的经验，掌握了各种类型的探测技术、实验技巧和理论分析能力；从一个对原子核科学尚未入门的青年，逐步成长为能够独立进行前沿研究的科学工作者。

来源：《天津科技》2004年第2期，并根据《徜徉原子空间》，钱三强著，百花文艺出版社2000年版一书进行了校改。

金句摘抄：

我在居里实验室的头八年中，在那样一个学术空气的熏陶下，通过多样化课题的研究……从一个对原子核科学尚未入门的青年，逐步成长为能够独立进行前沿研究的科学工作者。

王大珩

（李世刚、李世东绘）

王大珩（1915—2011），籍贯江苏苏州，出生于日本东京。应用光学家，中国科学院院士，中国工程院院士。1936年毕业于清华大学物理系，1938年赴英国留学，在谢菲尔德大学获得硕士学位。1942年受聘于英国昌司玻璃公司，专攻光学玻璃研究。1948年回国，历任大连大学教授，中国科学院长春光学精密机械研究所所长，中国光学学会理事长，中国科学院技术科学部主任等职。对我国现代国防光学技术及光学工程做出了开拓性和奠基性贡献。1979年获"全国劳动模范"称号，1985年获国家科学技术进步奖特等奖，获1994年度何梁何利基金科学与技术成就奖，1999年被授予"两弹一星功勋奖章"，2018年被授予"改革先锋"荣誉称号。

漫谈科学精神

王大珩

五四运动提倡"德""赛"二先生已近百年。"赛先生"即科学。我们要科教兴国,就必须尊重"赛先生",了解"赛先生"。近些年来,我们在科普方面做了一些工作,但是工作好像不那么突出。回想起来,似乎只谈科学事实,对科学精神讲得较少。那么,什么是科学和科学精神?

一、什么是科学

要了解科学精神,首先要了解什么是科学。我自作主张地写了这么一条:科学是对客观事物正确认识和理解的知识体系。

简单来说,知识问题要回答五个 W,分别是 what、why、when、where、who,就是何事、何故、何时、何地、何人。何事,小到基本粒子,大到整个宇宙,所有的事物都可以称得上什么事情。何故,就是物质相互的机制、原理。何时,就是整个宇宙历史,从很长的时间,到最短的时间。何地,地是代表空间,从基本粒子的尺寸到宇宙的尺寸,这也包括生物的。我特别提出来,我们万物之间,除了固定的东西,还有活动的东西,其中包括生物空间。何人,就是从一个人到世界上的全人类。

在解决这几个"何"字的问题上面,这些知识叫作自然科学,自然科学没有包括人的因素。把人的因素包括在内，特别是研究人与人或者人与社会之间的关系，即我们说的社会科学和人文科学。

二、科学的特征与科学的作风

在我看来，科学有这样六个特征：

第一个特征，叫作一元性。

万物运动都有自然的规律性，而规律性是唯一的，不以人的意志为转移的，说得更神秘一点，事实是不以别的因素为转移的。这里不应把一元论看作一种说教或者教条，它是经过人类长期历史实践得出来的最基本的也是最原始的规律。

第二个特征，我管它叫作诚实性，也可以叫作严格性。

科学的认识，是知识活动的一种基本形式，它的核心是认识事物的本质。孔子有句名言："知之为知之，不知为不知，是知也"，这才是科学上的"知"，是真知。

第三，正确的科学路线，就是严谨性。

对真理的认识是可望而难以企及的，在认识过程中，科学路线是由表及里，由浅入深，由简入繁，由中间向两头扩展。科学不承认没有事实依据的先验论。科学的核心所在是理性认识从低级到高级的过程。但是，理性认识要经过严谨的论证和事实的考验来确立。

第四，实践是检验真理的唯一标准。

这句话我不用多解释了，只是说现在用的方法有哪些。首先是经过实验室的实验论证和模拟实验，直接论证。第二个是利用自然环境进行各种因素的观察和分析。比如说研究气象。第三是触类旁通和举一反三，取得旁证。第四是局部试点，逐步修订完善。还可以从事物的内在因素找相互关系，在社会科学上恐怕很多都是这样做的，把社会各种因素的相互关系找出来，印证你这个理论是不是合适，是不是可以见诸行动。

另外，异常现象的发现表示其中蕴藏着新的东西，初料不及的异常现象常常是发现新事物、新规律的源泉。事实上，许多获诺贝尔奖的科学发现，都是获得者在偶然的发现之下提出来的，他的发现引起了科学上的一大片或者一个领域的进展。

最后就是等待时机，实在没有办法了，你就只好等。爱因斯坦研究相对论，要做试验，只好等，只有日食的时候，才可以做这个试验，这个试验做出来就是对的，是有事实论证的。

第五，同一性，也可以叫作严密性。

不同的学科在理论问题的提出上，各有其特点，在相邻和交叉的学科中，必然出现理论上的相互覆盖，这在原理上只能是相辅相成，相互补充，决不应该出现互相矛盾的地方。

第六，科学与技术并行发展，这是提倡科学精神的一个主要点。

除了认识世界以外，通过认识世界进行改造世界，这是科学精神的一个重要观点。当前由于科学上的新发现，应用于生产实践，导致现在的高度的物质文明，特别是高新技术不仅改变了当前社会经济面貌，也帮助促进了人类思维的科学化。

三、非科学的几种表现

下面再谈一谈非科学的诸多表现。

第一个说的是有神论。

第二是不切合实际的教条主义和盲动主义，这两种倾向违反了实事求是的精神，自以为是。

第三是伪科学，在事物的论证中，以科学的表面隐藏着非科学的基本内容，以表面的正确倾向掩盖不正确的方面，哪怕是一点点也不行。这是科学严肃性方面要注意的问题。在科学的论断上，不允许有一点点伪科学、似是而非的东西。在结论上，有时失之毫厘，就会差之千里，就会出大问题。

再后是巫术和迷信。

关于非科学的作风问题，如弄虚作假，伪造数据，抄袭剽窃等等，这可以说是学术上的窃贼。

这些非科学的行为和措施给社会造成极大的危害和损失。因此，科学思想的适用范围是全社会的，不仅仅是单纯科学技术工作者所需要的。

四、我们需要什么样的科学思想

第一是实事求是，第二是审时度势。这里面包括时间性和空间性，也包括现在和将来，也包括可持续发展的一些问题。第三是传承创新，就是科学有继承性，每一个发现和成就，都是在已有规律发现的基础上形成的。我们一方面要对这种已有的规律性进行传播，另一方面要继往开来，做创新的工作。第四是寻优勇进，有了创新的工作，让它在社会上起作用，还要找出实施这个措施的最优途径，而且还要有创新，使它实现。

五、科学精神是否适用于全社会的今天

我们已经进入了知识经济的时代。我们把一切经济的活动、措施建立在理论的基础上，就是有知识理论的基础上，这个知识肯定是科学的知识。知识已经进步到这个程度了，技术也进步到这个程度了，过去没有办法研究的问题，今天有办法进行研究了，一些更加复杂的问题也能研究了。

半个世纪以来，我们国家的发展经过了许多曲折。原因之一是有些做法、有些探索、有些方针政策是不符合实事求是原则的，这个方面我们有很深刻的教训。还有很重要的一条，就是科学化能够搞得好一点的话，大家的认识就容易一致。

在科学化的基础上，我们最容易形成共识，最容易团结在一起。我们相信，科学化为我们建设强国会起到非常重要积极的作用。

让我们很好地认识科学化这个问题,在科学精神的指引下,大家携手共同前进。

来源:《中国计量》2008 年第 4 期。

金句摘抄:

科学不承认没有事实依据的先验论。科学的核心所在是理性认识从低级到高级的过程。但是,理性认识要经过严谨的论证和事实的考验来确立。

师昌绪

（李世刚、李世东绘）

师昌绪（1918—2014），河北徐水人。金属学及材料科学家，中国科学院院士，中国工程院院士。1945年毕业于西北工学院，1952年获美国欧特丹大学博士学位。曾任中国科学院金属研究所所长，中国科学院技术科学部主任，国家自然科学基金委员会副主任，中国工程院副院长等职。长期从事高温合金、合金钢、金属腐蚀与防护等领域研究，发展了中国第一个铁基高温合金，领导开发了中国第一代空心气冷铸造镍基高温合金涡轮叶片。1978年获全国科学大会奖，1985年、1987年两次获国家科学技术进步奖一等奖，获1994年度何梁何利基金科学与技术进步奖，获2010年度国家最高科学技术奖。

试谈做人做事做学问[1]

师昌绪

我今年 91 岁，出生于河北省农村的一个大家庭，我家四世同堂、诗书传家，全家有 40 口人。这培养了我勤劳、忍让的性格。由于上世纪三四十年代，北方军阀混战和日寇入侵，使我立下"强国之志"。我怀着强烈的爱国热情，读完中小学，基于实业救国，上大学读的是采矿冶金工程系。1948 年留学美国，转入冶金与材料专业。上世纪 50 年代初，由于抗美援朝，美国政府阻挠中国留学生回国，作为积极分子，经过艰苦斗争，于 1955 年回到新中国，那年我 35 岁。

回国后，被分配到中科院，有关领导对我说：上海和沈阳任选一处，于是我选了当时生活艰苦的沈阳中国科学院金属研究所，从事金属材料的研究与开发，一干就是 30 年。到了 80 年代中期，我被调到北京，从事科技管理工作，先后在中国科学院技术科学部、国家基金委、中国工程院任职，为国家科学技术发展献计献策。而今，我虽年逾 90，仍坚持上班，出差主持参加会议。为此，党和人民给予了我很高荣誉：荣获 2010 年度国家最高科学技术奖；建党 90 周年，我被选为全国 50 名优秀共产党员之一。

这些荣誉归功于各级党组织的培养和支持，当然也和我有一个正确的

---

[1] 编者注：此文为师昌绪院士在"2011 年首都高校科学道德和学风建设宣讲教育报告会"上的演讲。

人生观以及做人、做事、做学问的理念分不开。

通过多年的实践，我悟出了做人、做事和做学问的准则，成为我所遵循多年的座右铭："做人要海纳百川，诚信为本，忍让为先；做事要认真负责，持之以恒，淡泊名利；做学问要实事求是，勇于探索，贵在发现与创新。"其中，做人最为重要。

人活在世上，就要为人类做贡献。作为一个中国人，首先要为中华民族做贡献，这是我在青年时期就立下的"强国之志"。一个人有了一个正确的人生观，就永远不会懈怠，即使受了很大挫折也不会退却。在"文化大革命"期间，我险些丧命，但国家恢复常态后，工作热情未减，而且做出了更大的贡献。

在现实社会中，一个人不可能孤立存在，人际关系便成为不可回避的现实，表现在科学道德和科学精神方面。

第一是诚信。诚信可以使一个集体团结，这是完成一项重大任务的必要条件，也是改变社会风气的必由之路。

第二是平等待人。助人为乐，人人平等，世人皆知，但是真正做到这点很不容易。我在这方面可能有些特点，所以找我的人很多，因为帮助了别人，别人取得成就，国家受益，我自己也有成就感。

第三是要正确认识自己。一个人要多看别人的长处才不会自寻苦恼，否则老觉得自己委屈，而不快乐。

第四是不要妒忌。妒忌会造成不团结，互相拆台，以致可以办成的事办不成。对单位或部门来说，也是一样，由于妒忌怕别人超过自己，就想办法压制对方，这样受害的不是个人，而是国家。

最后，我想给年轻人说几句话。我的复杂经历使我养成了海纳百川、包容和容忍的性格。由于我们这代人饱受战乱之苦，所以感到中国必须富强起来，别人才不敢欺负，从而培养出坚定的爱国信念。据媒体调查，中国的幸福指数不高，其中有些年轻人不太了解过去，往往和发达国家的同龄人相比，于是对现状有些不满意。我建议从娃娃时期就应该学习点中国的历史，使他们知道中国之所以有今天，来之不易。你们这一代将要实现在 2020 年把中国建设成创新型国家并在本世纪中叶实现中华民族伟大复兴的宏伟目标,你们应该立下这个伟大的"强国之志"。没有志气,就没有做事的动力和克服困难的毅力。中国的科学技术能否领先于世界,就靠年轻的一代能否充分发挥作用,除了依靠每个人的努力以外,也要靠科技体制和教育制度的改革。希望同学们:在学习和研究中,要胸怀强国之志,实事求是,艰苦奋斗,就可以"有志者,事竟成"!

来源:《中国科学基金》2012 年第 1 期。

金句摘抄:

做人要海纳百川,诚信为本,忍让为先;做事要认真负责,持之以恒,淡泊名利;做学问要实事求是,勇于探索,贵在发现与创新。

郑哲敏

(李世刚、李世东绘)

郑哲敏（1924—2021），籍贯浙江宁波，出生于山东济南。力学家，中国科学院院士，中国工程院院士。1947年毕业于清华大学，1952年获美国加州理工学院博士学位。曾任中国科学院力学研究所研究员、所长，中国力学学会理事长等职。长期从事固体力学研究。擅长运用力学理论解决工程实际问题，在爆炸加工、岩土爆破、核爆炸效应、穿甲破甲、瓦斯突出等方面取得一系列重要成果。1978年获全国科学大会奖，获1993年度陈嘉庚技术科学奖、1996年度何梁何利基金科学与技术进步奖、2012年度国家最高科学技术奖等。

学知识　练本领　做诚实人
——科技工作者的"底色"[1]

郑哲敏

对于科技工作者,科学道德和科学诚信是重要的。记得有一年,回母校跟几位教授谈话,有一位教授谦虚地说:"说不定我的班上,未来将会有哪位同学获诺贝尔奖。"今天,我怀着同样谦虚的心情作报告。

你们年轻的一代,大都在国家改革开放后出生长大,成长的环境和我们那个时代迥然不同,但同样面临严峻的挑战。现在国家需要第一流的创新人才,第一流的科技成果和第一流的科学和技术研究的队伍和机构。所以说,除了你们自己的梦,你们还肩负着一个更大的梦,一份几代中国科学家为之努力而尚待完成的任务,这是你们身上不可推卸的责任。国家还需要一批胸怀宽广、有战略眼光、有领导能力的领军人物,这些人也会在你们中间产生。因此我真诚希望你们在研究生期间,要努力学知识,练本领,做诚实人,这是一个科技工作者的"基本功"。

一

我出生在1924年,离现在89年了。那是一个外敌入侵、内战频繁、

---

[1] 编者注:此文为郑哲敏院士在"2013年首都高校科研道德和学风建设宣讲教育报告会"上的演讲。

经济凋零、人民生活困难的时代。我亲身经历了山东济南的"五三惨案"，趴在床底躲避日军的炮火，在街上被日军哨兵拿着上了刺刀的枪追逐。我很早就品尝到了国家落后、人民受人欺凌的滋味。我曾说，我们这一代是唱着"打倒列强，除军阀"，唱着救亡歌曲长大的。那时，只要听到"我的家在东北松花江上……"我们往往会落泪，感受到自己肩负的责任。富国强民一直是我们时代的主旋律。这些流淌在我们血液里的东西，躲也躲不开，否则会受到良心的谴责。

1946年西南联大解散，我被分配到清华大学。1948年在国际扶轮社奖学金的支持下，留学美国加州理工学院，1949年获硕士学位，1952年获博士学位，主修应用力学，辅修应用数学，博士生导师是钱学森先生。毕业后，我被美国移民局非法拘留至1954年秋。1955年春，我回到国内，被分配到科学院数学所力学研究室工作，旋即转入新成立的力学研究所从事研究工作至今。

力学所的建所思想继承了上世纪初在德国哥廷根大学形成的哥廷根应用力学学派的精神。钱学森在1948年将这个学派的思想和实践系统化，提出了技术科学，并且把技术科学领域扩展到应用力学之外。概括地说，技术科学的任务，就是研究那些对开辟或推动新的工程技术领域可能发挥重要作用的基本科学问题。他在论述中，将第二次世界大战时期的航空航天和核工业作为基于科学的新型产业的典型例子提出。

在人的一生中，或老师、或同事、或其他人的片言只语，往往可以影响你的一生。譬如我的老师钱学森说过："任何一件事，都要把它放在一个更大的背景中来考虑，来观察。"这句话看起来很平常，一方面帮助我清醒地评价自己的工作，不要被一点点成果冲昏头脑；另一方面，也帮助我不断地从更大的视野中寻找新的研究方向和课题。他还说过："当你决定从事某项研究前，先要下个决心，一定要做'出汗'的工作，不要做那些'华而不实'的工作；只要国家需要，就要努力去完成。"

从事任何重大项目的研究，或大或小必然会有个人的牺牲，也必然有风险。钱学森在纪念郭永怀烈士牺牲二十周年的纪念大会上说："一方面是精深的理论，一方面是火热的斗争，是冷与热的结合，是理论与实践的结合。这里没有胆小鬼的藏身处，也没有自私者的活动地；这里需要的是真才实学和献身精神。"

这些话，对我的一生都起着很大的作用，影响了我的一生。

二

我说几件生活和学习中的小事。

1937 年 7 月初，我的祖父母相继去世，我随父母赶回老家宁波奔丧。日本全面侵略我国的战争爆发，我留在农村老家半年，整天玩荒废了学业。其实在小学时我贪玩，爱搞一些恶作剧。1938 年初，我奉父亲之召，到成都上学，当插班生，出现了语言不通，功课跟不上的问题。不久，我夜间睡觉不安，时常在梦中哭，整天闹头痛，于是父亲让我休学半年。没想到这半年，对我的成长起到了十分关键的作用。

为看病，我父亲带着我散步，晨练，旅游，那时候我们去了都江堰。另外，父亲让我读曾国藩家训，虽然时间不长，但是我确实认真地读了，这为我今后如何做人、如何生活立下了自我遵循的规矩，使我终身受用。生活中有些原则，有些底线，我们是不能逾越的。

我喜欢自学。这首先是从学习英语开始的。我在小学的时候学会了用字典，我会查生字，会拼音，会认字，这对我后来的英语学习很有帮助，当我回到学校重新念书的时候，我的英语成绩比班上其他同学好很多。一次逛旧书摊时，我发现一本原版的欧几里得平面几何教材，就把它买了回来，一边学英语一边学几何。平面几何的逻辑非常严谨，开始非常困难，由于自己坚持，慢慢地我开始理解了平面几何严格逻辑的美妙，很欣赏它的公理、公式、定理、证明体系，从这里感受到了数学之美。我的自学不久又延伸到初等物理。读到惯性体系和相对运动时，我琢磨在航行中一艘大船上打篮球，将是怎样一种感觉。我还想过如果有一个微型飞机从天平的一端飞过，天平将会如何反应。我非常珍惜这一段自学的经历，它使我增强了学习能力和学习的信心，也引导我顺利走上学习理工的道路。

我初中毕业，转学到位于当时金堂县的郊区铭贤中学高中部。一次英语课上，外籍老师在黑板上并排写了 sing 和 thing 两个词，把我叫起来反复地朗读，然后直摇头。对此我感到十分意外，明明是对的，为什么不对了呢？原来我是"大舌头"！想来想去觉得问题也许出在"s"上，于是试探着把舌尖放在不同的位置，仔细地听所发出的声音。经过反反复复地试验，终于找到了合适的位置。原来我过去是把舌尖顶在牙齿的侧面而且漏风，我下决心纠正。为此我利用所有课余时间，包括走路的时间进行练习。功夫不负有心人，用了大约半年多的时间，我解决了我的"大舌头"问题。回过头来看，我认为这场经历锻炼了我的意志，体会到了凡事必须坚持，才能做到最好。

因此，不论生活或工作，遇到困难，一定要坚持，一生必须克服一些困难，付出总会有收获。

三

作为研究生，我想你们现在一定正处于非常兴奋的状态，而且摩拳擦掌准备大干一场，以实现你们各自的梦想。你们将有三至五年的时间度过你们的研究生生涯，这也是人一生中最宝贵的一段时间。在这段时间里，希望你们能够集中精力学习知识，增长本领，成为我国在科学和技术领域里的接班人。

首先，我希望大家努力发现和培养自己的兴趣。不论从事哪类科学研究，兴趣都是基本的动力，它使人充满热情地投入工作，以至达到废寝忘食的地步。这样才有可能出一流的成果。爱因斯坦曾以情人热恋来形容这种精神状态。所谓探索真理是不能预设框框的，有一句话叫作解放思想、破除迷信，这里面包含科学研究要有自主性，要有自己的想法，不能盲从。我相信大家在学习过程中对这些道理会有更深刻的体会。

其次，科学道德规范有许多版本，有的还非常具体细致，不过基本的精神是相同的，认真地研读一下非常有必要。今天我想说的是，科学道德规范是科学共同体所普遍遵守的，目的是保证科学事业的健康发展。其实它也和我们日常生活中的诚实、诚信、要尊重他人、己所不欲勿施于人的原则是相通的。一个诚实的人，是不会伪造数据或认可未经检验的数据且拿去发表的，他不会编造什么虚假理论去骗人的。所以，我希望大家无论在什么情况下，都要像保护命根子那样去保证诚实。

再次，我们现在处于信息社会和信息爆炸的时代，有许许多多的途径进行学术交流。在这里我想提这个问题，最为重要的是面对面的交流，这是其他交流方式所不能替代的。在面对面的交流中，对方的一举一动、某个表情、某几句交谈，往往会意想不到地启发你一连串的联想。我希望大家要重视人与人之间面对面的交流。

来源：2013 年 11 月 11 日《光明日报》。

金句摘抄：

一个诚实的人，是不会伪造数据或认可未经检验的数据且拿去发表的，他不会编造什么虚假理论去骗人的。所以，我希望大家无论在什么情况下，都要像保护命根子那样去保证诚实。

钟南山

（李世刚、李世东绘）

钟南山（1936— ），籍贯福建厦门，出生于江苏南京。呼吸病学专家，中国工程院院士。1960年毕业于北京医学院。长期致力于重大呼吸道传染病及慢性呼吸系统疾病的研究、预防和治疗，是中国抗击非典型肺炎（SARS）和新型冠状病毒肺炎的领军人物。曾任广州医学院院长、广州市呼吸疾病研究所所长、中华医学会会长、广州医科大学附属第一医院国家呼吸系统疾病临床医学研究中心主任等职。1995年、2003年两次荣获"全国五一劳动奖章"，2018年被授予"改革先锋"荣誉称号，2019年被授予"共和国勋章"，获2020年度何梁何利基金科学与技术成就奖。

一个院士早年的生命历程

钟南山

在我的生活中，对我影响最大的是我的父亲钟世藩。父亲早年留学美国，新中国成立后是中山医科大学的一级教授，著名儿科专家。记得我刚满13岁那年，也就是1949年10月，在广州解放的前夕，当时任广州中央医院（现广东省人民医院）院长的父亲，愤怒地拒绝了国民党南京卫生署让他携医院巨款撤去台湾的胁迫，义无反顾地留在了刚刚成立的新中国。父亲热爱祖国，醉心于医疗事业。20世纪50年代，国家还很贫穷，科研条件更是有限，父亲为了研究乙型脑炎病毒，用自己的工资买来小白鼠做实验，我们家也成了他的实验室。"文化大革命"时，他被"靠边站"，还是痴心于他的研究，总结自己行医数十年的经验，写成了40万字的专著：《儿科诊断和鉴别诊断》。这本书曾先后再版了六次。1987年父亲去世。他临终前还念念不忘他的研究，常与我探讨病毒与磁场的关系。父亲常说："一个人能够为人类创造点东西，那就没有白活。"父亲的教诲我一直铭刻于心。

我的中学时光是在华南师大附中度过的。给我印象最深的是一位老师曾对我说过的一段话。他说："人不应单纯生活在现实中，还应生活在理想中。人如果没有理想，会将身边的事看得很大，耿耿于怀；但如果有理想，身边即使有不愉快的事，与自己的抱负相比也会变得很小。"他的话很朴实，却蕴含着很深的人生哲理。在以后的日子里，我常常拿这些话来激励自己。

也许是受父亲的影响吧，1955 年我考入了北京医学院。我酷爱体育运动，在读书期间经常参加田径比赛，成绩不错。1958 年，因我体育成绩突出，被抽调到北京市集训队训练，准备参加第一届全运会。在全运会上我奋力拼搏，以 54.4 秒的成绩打破了男子 400 米跨栏的全国纪录。这也许是我五年大学生活中最光辉的一笔吧。正是由于注意锻炼身体，为以后完成繁重的医疗科研任务打好了身体基础。到现在我还坚持体育锻炼，每个星期都要同我的研究生打一场篮球。

1960 年我大学毕业，留在了北医。从 1960 年到 1970 年的十年间，我干过很多工作：先是当辅导员，后到放射医学教研室任教，再后来到过农村，当过工人、校报编辑，还干过一年多的文艺宣传队。

1971 年我调回到广州医学院第一附属医院，当时是广州市第四人民医院。起初，我很想当胸外科医生。医院的老医生却说："钟南山已经 35 岁了，还搞什么外科。"结果我被安排到了医院急诊室。因毕业后没搞过临床，在一次出诊时将一名有结核病史的胃出血病人，误诊为"结核性咳血"，差点误了事。此事对我刺激很大。从此我刻苦钻研技术，废寝忘食，每天工作到深夜。在八个月时间内，我写下了四大本医疗工作笔记，体重也掉了整整 12 公斤，但我很快胜任了临床工作。

为了响应周恩来总理关于开展慢性支气管炎群防群治的号召，1972 年，广州医学院第一附属医院成立了慢性支气管炎防治小组，我参加了这个小组，从此开始了对呼吸疾病的系统研究。当时医院在这方面的研究还是个空白，我们从痰样分析开始搞起。防治小组连一台像样的呼吸机都没有，对于危重的肺病人，我们小组的同志就用轮流手捏皮球呼吸机的办法，抢救了一个又一个"呼衰"病人，抢救成功率达 80%。在当时的环境下，我们小组的同志克服了很多困难，在呼吸疾病的研究方面取得了一定的成绩。1978 年，中国知识分子迎来了科学的春天，我作为广东省的代表参加了第一届全国科学大会。我们小组根据慢支炎病人痰液的特点进行了中西医结合分型诊治研究，获全国科学大会奖。1979 年我们在原慢支炎防治小组的基础上成立了呼吸疾病研究所。当时地方不够，我们就在天台上搭了个棚子，做起了实验。

也就是这一年，我抱着学习国外先进技术的强烈愿望，通过了国家外派学者资格的考试，获得赴英国为期两年的进修机会。

当时国家刚刚开始搞改革，百废待兴，经济还不宽裕。为了节省经费，我们是乘火车去英国的。记得出发那天，正好是我43岁的生日。人生苦短，我们这一代人被"文化大革命"浪费了不少时光。我渴望早日到达目的地，投入学习、工作。

经过九天的长途跋涉，列车穿越苏联、波兰、德国、荷兰等国，终于在1979年10月28日到达伦敦。可是，按照英国的法律，中国医生的资格在这里不被承认，因而不能单独为病人治病，只能以观察者的身份参加查房和参观实验。我的导师弗兰里教授甚至说："你在这里只能待八个月，以后你要自己联系到别的什么地方去。"这无疑是给我兴奋的心情浇了瓢冷水。那天晚上，我彻夜难眠；祖国科技落后，我一定要争口气。

我先是从自己身上先后共抽了600毫升血，做了近30次试验，将呼吸实验室里的一台闲置了大半年的血液气体张力平衡仪修好。接着就开始搞"吸烟（一氧化碳）对人体影响"的课题。为了取得第一手数据，我连续吸入一氧化碳并多次抽血测定浓度。当一氧化碳的浓度达15%时，我感到头昏脑涨。有同事说："停止吧！"我坚决要求继续吸入，直至血中一氧化碳含量达到22%，这相当于一个人连续抽60多支香烟。我的实验取得了满意的效果，不但证实了弗兰里教授的一个演算公式，还发现了他的推导的不完整性。那天，弗兰里教授一下将我抱住，连连说："谢谢你，谢谢你证实了我多年的设想，祝贺你有新的发现。"他又问我："你打算在这里干多久？""你不是说只能待八个月吗？"我说。"不！你愿意在这里干到什么时候都可以。"弗兰里教授非常肯定地答道。

在英国的两年间，我与英国同行合作，先后取得了六项科研成果。1981年我要回国时，弗兰里热情洋溢地致信我国驻英使馆。他写道："在我的学术生涯中，曾经与许多国家的学者合作过，但我坦率地说，从未遇到过一个学者，像钟医生这样勤奋，合作得这样好，这样卓有成效。"我那天晚上在日记中这样写道:"我终于让他们明白了中国人还是有值得别人学习的地方。我第一次感觉到做中国人的骄傲。"

来源:《南风窗》2003年第11期,有删节。

金句摘抄:

一个人能够为人类创造点东西,那就没有白活。

顾震潮

(李世刚、李世东绘)

顾震潮（1920—1976），上海人。气象学家、大气物理学家。1942年毕业于中央大学地理系。1943年入清华大学读研究生，1945年毕业后入中央研究院气象研究所工作。1947年考入瑞典斯德哥尔摩大学气象系做研究生。曾任中国科学院地球物理研究所与中央军委气象局成立的联合天气分析预报中心主任，中国科学院地球物理研究所、大气物理研究所研究员，大气物理研究所所长。在我国大气科学和天气预报研究方面做出了开创性贡献。获中国科学院1956年度科学奖金三等奖，因在核爆气象保障工作中作出贡献两次获个人一等功。

研究工作是"战斗"[①]

顾震潮

一

研究工作是革命工作,是战斗,它也要求"多、快、好、省",尤其要求快,要求及时地、尽快地总结出东西来。没有成果,可总结阶段结果。没有完全成熟的,先搞出部分成熟的。没有系统全面的,先搞出个别的,片段的。千万不能一做几年,杳无音信,积累很多,就是不分析,不整理,不总结,不拿出来。名为郑重,其实要误事。

为什么?首先研究有个时效。近代气象研究工作发展极快。什么好成果也经不起拖上五六年。拖上几年,往往时过境迁,失其作用,往往人家早有更好的东西出来,往往这问题连提法都过了时。对我们中国更是如此。1951年寒潮、低潮分析的一些最粗浅的工作总结出来,也有普遍指导意义。精工细作一些,拖到1956年再与大家见面,即使质量加倍的好,也丧失了五年最关键那几年的时间,那几年就用不上,得失相比,远不合算,最要紧是现在,是当前。未来重要,但未来要靠抓当前求实现。不抓当前也没有未来。"兵贵神速"一点也不错。许多问题国外也都看到,就看谁先解决,谁先搞出来用上。所以,首先要让尽量多的东西在这"历史时期"阶段起个作用,即使以后必然在发展中更要向前发展,甚至会淘

[①] 标题为本书编者所拟。

汰、会废弃（必然的，特别对研究工作），也能起个历史作用，发挥了原来可能发挥的作用。"藏之名山，传之后人"不是我们的作风，"爱惜羽毛"，唯恐自己拿出的东西不完美，坏了名，也是不对的。

二

老看初级的书刊行不行，也不行。总要掌握一些具体理论和技术，这就要看高级的，大部的书，但看高级的大部的也是有选择的。要用的部分先看，不用的不看，自由选择，决不要一章章地看下去。遇到了拦路虎，也要速战速决，不能一下弄懂的先记下一笔账，不要节外生枝，不问大小主次，每句话都想弄懂，毫不放松，这样就会形成胶着，形成消耗战。还是要先纵深发展，绕过去再说。绕过去不是马虎，不是囫囵吞枣，等到要学的某一问题学了，回头扫荡解决遗留问题，效果更好。实在很次要的问题也可以不管。

学了如何用？用也要有个先后主次。能用上的先用。用不上的慢慢研究。例如控制论能用上的是基本概念，二是线性系统设计。这就先用上。有的是离用上还有一段距离的，例如随机泛函数理论下的研究那就放在第二步。也不可能什么都用上，那反而会形成硬搬，也不可能什么问题都解决了，那也是不现实的，气象问题总有个气象的特殊性，旁的学科怎会给你全部解决问题。

三

要多做研究，多动手，在研究实践中总结提高。研究工作是有方法的，但这方法只有在研究实践中才会积累经验而形成，也只有通过研究实践才能体会到学到人家的研究经验和方法。因此要研究工作得法，也还得多做研究。这是质和量的统一。想不做则已，一鸣惊人的人，老是不做，大概一鸣惊人的大作最后也出不来的。恰恰相反，只要工作需要，我们要

141

多做大大小小的研究，大的要做，小的也要做。李斯《谏逐客书》中"泰山不让寸土，故能成其高，河水不让细流，故能成其大"。研究工作也是如此。"拳不离手，曲不离口"，多练才会练出本领。如果懒，或是小问题不屑做，大问题做不了，大概也是不大可能掌握正确的或者良好的研究方法，自然也不可能出什么成果的。

在实际研究中总是会遇到很多问题的。具体的实践、计算、观测也好，数据的解释也好，机制的建立也好，乃至进一步如何开展、深入也好，对这些大大小小的问题一定要经常在头脑里用心想，认真把它想通、解决。自己一时不通的，通过讨论，反复地搞通。这种讨论、思考，本身就是一种研究过程。相反的，仅仅是打基础，抱了一本书死啃，无论如何充其量是准备，不能是研究本身。研究是解决问题，是动脑筋、动手的事。动脑筋、动手才有可能沾上研究的边。脑袋中没有问题，有问题又不愿下大力气动脑筋动手来解决它，那就没法做好研究。而且原来看看是小问题，在研究过程中仔细分析，有的也会逐渐发展成大问题。

来源：《开拓奉献　科技楷模——纪念著名大气科学家顾震潮》，王会军主编，气象出版社 2006 年版。

金句摘抄：

要多做研究，多动手，在研究实践中总结提高。

奉献篇

严济慈

（李世刚、李世东绘）

严济慈（1901—1996），浙江东阳人。物理学家、教育家，中国科学院院士。1923年毕业于南京高等师范学校和国立东南大学物理系。1923年赴法国巴黎大学深造，1927年获法国国家科学博士学位。在压电晶体学、光谱学、大气物理、应用光学与光学仪器研制等方面取得多项重要成果，是中国现代物理学研究工作的创始人之一。曾任北平研究院物理研究所所长，中国科学院应用物理研究所所长，中国科学技术大学校长，中国物理学会理事长，中国光学学会名誉理事长，中国科学院学部主席团主席，中国科学技术协会副主席及名誉主席，九三学社中央副主席及名誉主席，全国人大常委会副委员长等职。

我的科学历程

严济慈

我生长在浙江东阳一个不满五十户农民的贫困村庄里,父耕母织,举债供我读完旧制中学。

1918年我以第一名成绩考取南京高等师范学校。我在学校喜读课外书,爱做练习题,考试成绩优异,颇得师长的赞许,从开始念商业专修科再转读工业专修科,最后念数理化部,逐步走上了科研的道路。这时,正值日本帝国主义和西方列强加紧侵略我国,五四运动爆发,爱国图强、科学救国的思想深深地打动着我。

1923年在南京高等师范学校和东南大学毕业后,立即以编著《初中算术》和《几何证题法》所得商务印书馆的稿费,以及师长亲戚的资助去法国留学。一年考得巴黎大学三张文凭而获硕士学位。1927年夏得法国国家科学博士学位后归国,各方争聘,在沪、宁四所大学同时任教授,还参加中央研究院物理研究所筹备工作。

20世纪20年代末、30年代初,我埋首科学,自以为从事科学研究是人生最高尚的事业,莫大的幸福。为了让科学研究在中国土地上生根,1928年秋我辞去高薪教职,又去法国,在巴黎大学光学研究所和法国科学院大电磁铁实验室从事研究工作两年多,并结识了居里夫人。1931年后定居当时比较宁静的北平,主持北平研究院物理研究所的工作,在东皇城根的小天地里与十来位青年朝夕相处。在居里夫人的支持下,又创建了镭学研究所。

1937年卢沟桥事变爆发时，我正第三次在巴黎访问，除出席国际文化合作会议、法国物理学会理事会和法布里老师退休庆祝会外，我也参与一些抗日宣传活动，成为吴老（玉章，从莫斯科来）和郎之万教授之间的联络人。1938年初我动身回国路过里昂，在里昂天文台台长狄费教授家遇见《里昂进步报》的一位记者，次日该报第二版上大登我抗日言论，并说我正率领一批留法学生回国抗日，这使我不能随船到上海，只得在香港登陆，我在北平的家也受到日寇的监视。我从香港经越南，于春节抵昆明，拜访前南京高等师范学校的老师、新任云南大学校长熊庆来先生，决定把北平研究院迁滇，并设法通知我妻扶老携幼南下。

　　在昆明北郊黑龙潭龙泉观的古庙里，要恢复在北平那种物理研究工作，不但不可能，而且也是毫无意义的。鉴于战时前方部队军用装备和后方医疗器械的缺乏和需要，我们决定从事水晶振荡器、测距镜、显微镜等的研制。从光学计算，镜片磨制，到装配和检验，无不亲自动手。4年内，先后制成1000多具无线电收发报机稳定波频用的水晶振荡器，300多套步兵用测距镜和望远镜，以及500架1500倍显微镜，同时训练了青年徒工10余人，对新中国成立后我国光学仪器工业的发展有了一点小小的帮助。

　　抗日战争胜利之时，我正应美国国务院的邀请，在美国各地讲学访问。我渴望国内"和谈"成功，幻想在我们国家里将出现苏联的经济制度和欧美的民主政治。事实立刻证明我的幼稚无知。蒋介石反动政权在美帝国主义支持下，悍然发动内战，物价飞涨，不仅民主政治谈不到，连个人生活都成了问题。梦想破灭了，我陷入极度的苦闷和矛盾，终日伏案编写大学、中学物理教科书，换取稿费养活全家。

　　1949年初北平和平解放，全国欢腾。我携妻儿从昆明绕道河内，滞留香港，3月乘第一艘北上的海轮，回到我定居近20年的北平。党给我以充分的信任和荣誉。5月初我被邀参加全国民主青联代表大会，并在会上做了《青年与科学》的长篇专题报告。继又参加中华全国自然科学工作者代表会议筹备会，任秘书长，并被选为自然科学工作者代表之一，参加全国政协第一届全体会议。在这期间还有一件事给我印象很深，就是解放军通讯部队王诤同志托人找我见面。他从书本上知道我20多年来研究压电水晶，要我们协助建立一个制造水晶振荡器车间。

中国科学院成立，我希望回到研究工作中去。我被任命担任办公厅主任兼应用物理研究所所长，而不是以研究所工作为主。当时我认为一个人一旦离开实验室，就是他的科学生命的结束，郭沫若院长对我说："倘能使成百上千的人进入实验室，岂非更大的好事！"这使我逐步树立起为人民服务的思想。

在中国科学院东北分院工作期间，我有机会接触到广大职工在恢复许多规模宏大的现代厂矿的工作中所表现的苦干精神，从而瞻望到新中国的光辉前途。我从此学到高炉炼铁、平炉炼钢等生产知识，为尔后主持技术科学部的工作打下基础。

我从1958年到1965年在中国科学技术大学兼课，受到广大同学的欢迎，他们那种蓬勃的朝气更是极大地鼓舞着我，特别是因为我从1928年后30年来没有教过书。从1977年起我又负责我国第一所研究生院——中国科学技术大学研究生院的工作，深感责任重大，力不从心。我要在党的领导下，在同事们的帮助下，努力去做一个不自满自足地闭门幽居以科学术士自居的人，不让自己成为以老一辈的科学领导者自居的人，而是懂得老科学家与年轻科学人员联合的意义和巨大的力量的人，自愿和乐意给年轻人打开一切科学道路使他们登上科学高峰的人，承认科学的未来是属于科学青年。

来源：《科学的道路》，中国科学院院士工作局编，上海教育出版社2005年。

金句摘抄：

努力去做一个不自满自足地闭门幽居以科学术士自居的人，不让自己成为以老一辈的科学领导者自居的人，而是懂得老科学家与年轻科学人员联合的意义和巨大的力量的人，自愿和乐意给年轻人打开一切科学道路使他们登上科学高峰的人。

贝时璋

（李世刚、李世东绘）

贝时璋（1903—2009），浙江镇海人。生物物理学家，中国科学院院士。1921年毕业于上海同济医工专门学校医预科，1928年获德国图宾根大学博士学位。长期从事实验生物学研究工作，对生物的细胞常数、再生、性转变以及细胞的结构和分裂等开展了系列研究，创立了"细胞重建学说"，是中国生物物理学科的奠基人。曾任浙江大学生物系主任、理学院院长，中国科学院实验生物研究所及中国科学院生物物理研究所所长，中国动物学会理事长，中国生物物理学会理事长等职。

我的一些回忆

贝时璋

我生于 1903 年，是几乎与世纪同岁的老人。

一、少年时的感想

我生于浙江省镇海县北乡憩桥镇。祖父是位贫苦渔民。父亲小时给人放过牛，后当学徒、店员，又到汉口开小店，最后在德商乾泰洋行"买办间"当一名中国账房。母亲不识字，勤劳节俭，宽容厚道。童年时，常闻乡镇渔民出海打鱼、翻船丧生、家破人亡，使我感触很深。

母亲为了摆脱"目不识丁"的痛苦，对我上学寄予很大希望。第一天上学拜孔夫子，接着开笔老师刘楚臣教"天地日月，山水土木……"，用墨笔描红字本。当时我很高兴，日常看见的东西都可以用字写下来，这多好！感到读书有用，一定要学好。曾读李白的《春夜宴桃李园序》一文，其中头几句："夫天地者，万物之逆旅，光阴者，百代之过客，而浮生若梦……"给我印象很深。读了此文后，自己对天地万物人生，有过不少幻想。

1915 年，父亲带我到汉口，进德国人办的"德华学校"上中学。德籍校长办学严，对学生要求高。星期六下午放学，星期日晚饭前必须回校。学校备有许多册《理科书本》，书中几乎什么都有，如天文、物理、化学、矿物、植物、动物以至人体方面有关内容。虽然都很浅，但接触面较广，且有系统。我从中学到不少关于理科方面的启蒙知识。那时我就有一种想法，想更多地知道自然的奥秘。

第一次世界大战德国打了败仗，德籍老师于 1917 年冬被遣送回国，学校由汉口主管教育的部门接管，改名"汉口第一中学"。后因经费困难，1918 年停办。

那年秋，有一天我在汉口华景街旧书摊上买到一本菲舍尔（Emil Fischer）著的有关"蛋白体"一书，读得很感兴趣；虽然一知半解，但初步懂得蛋白体对生命是很重要的。通过德华学校和汉口一中的三年学习以及自己的一些体验，对理科方面以及与生命有关的科目发生了兴趣。少年时养成广学博览的习惯对以后学业很重要。

二、走上科研之路

1919 年春，我报考了上海同济医工专门学校，先进同济德文科，后入同济医预科。在此期间，给我印象最深的，也使我受益最多的是当时教解剖学的鲍克斯德老师，他授课不带稿，也不发讲义；讲课时，用图谱和实物相互对照，讲解之细致生动，教学之认真负责，使人无比敬佩。我对形态学有兴趣，鲍克斯德老师讲的解剖学是有重要影响的。

1921 年秋，同济医预科毕业后，我和两位同班同学一起赴德国留学。我家里不富裕，能去留学完全是父母全力支持。倾其所有，凑得 800 元，才得以前往。抵德后，我弃医从理，先后在福莱堡（Freiburg）、慕尼黑（Muenchen）和图宾根（Tuebingen）三个大学学自然科学，并以动物学为主系。我听了许多门有关自然科学方面的课程，并参加实验或野外实习，还自学数学，这些大学的学习活动使我受益匪浅。

1923 年秋，我最后转到图宾根大学，在动物系代理主任福格尔（Richard Vogel）教授指导下，一面做大实验，同时准备做学位论文。后在哈姆斯（Jürgen Wilhelm Harms）教授指导下对醋虫的生活周期、各个发育阶段的变化、细胞常数、再生等进行了实验研究，总结出两篇论文，在 1927 年、1928 年发表，后者是博士论文。

  1928 年 3 月 1 日，我获得自然科学博士学位。毕业后在该校动物系任助教和从事研究工作。动物系学术活动较多，学术气氛活跃，当时动物系与物理系和地质系都在同一大楼里，各系青年人见面机会多，时常讨论共同有兴趣的问题，使我有机会学到不少新的东西。学术思想上受到哈姆斯教授很多启示。在德国学习的几年为我今后一生的科研道路奠定了基础。

三、锲而不舍的追求

  1929 年秋，我离别图宾根大学回国。在当时的中国谋个适当的职业绝非易事，但经过一些曲折，1930 年终于应聘为浙江大学副教授，着手该校生物系的筹建工作。在浙江大学我先后教过普通生物学、普通动物学、组织学、胚胎学、比较解剖学、遗传学、动物生理学等课程，同时又从事一些科学研究。我在浙江大学从事教学、科研 20 年。新中国成立后转到了中国科学院，从事科研和科研组织、管理等工作。

  在科研工作方面，我前后研究了动物个体发育、细胞常数、再生、中间性、性转变、生殖细胞的重建、染色体结构、昆虫内分泌腺、甲壳类动物眼柄激素等。1939—1945 年我曾提到分子生物学、生物物理学这些名词，并在 1963 年提出从分子水平去探讨生命现象。

  1958 年，在中国科学院领导下，负责建立生物物理研究所。在诸多工作中，研究时间最长的是细胞重建课题。1932 年春，我在杭州郊区松木场稻田的水沟里观察到甲壳类动物丰年虫的中间性，并发现在其性转变过程中生殖细胞的奇异变化，即细胞解体和细胞重建的现象，这一现象是新的细胞繁殖方式和途径的发现，打破了细胞只能由母细胞分裂而来的传统观念。正要进一步深入研究，抗日战争爆发了，浙大迁到贵州，那里找不到丰年虫的中间性，此项研究只得暂停。以后又由于种种原因未能开展，直至 1976 年，"文化大革命"结束，迎来了科学的春天，我才又有机会和条件与一批年轻的工作人员一起对细胞重建这一课题继续开展较为广泛和深入的研究。研究了各类物种、生物体各个部分、各种生命过程、各种情况和条件下的细胞重建。实验证明了细胞重建是普遍现象，并发表了论文和撰写了"细胞重建"论文集，研究工作仍在深入进行。

在我一生的教学科研生涯中，深深感到在科研道路上是不平坦的，会遇到种种艰险，但不能在困难面前低头，要勇往直前。研究科学技术要有乘长风破万里浪的精神；自始至终坚持勤奋学习、刻苦钻研、独立思考、勇于创新，锻炼成为有远见卓识的人，这样就能打开局面，开辟新的航道，做出高水平、突破性的发明创造。

另外，一个真正的科学家是忠于科学、热爱科学的。他热心科学，不是为名为利，而是求知，爱真理，为国家作贡献，为人民谋福利。对科学家来说，最快乐的事情是待在实验室里做实验或在图书馆里看书。有时看书看得出神，旁边有人叫也听不见；实验做得津津有味，有时把时间也忘了。实验做得成功，当然是一种乐趣，是一种愉快；实验即使失败，也不泄气，总结经验、找出问题、继续前进。要不嫌麻烦，肯花功夫，有耐心，有毅力，最后总会成功。

目前，我不能再到实验室亲自做实验，但仍坚持阅读书刊，及时了解国内外科技信息和动态。我现在虽然耳朵已聋，视力越来越差，但我思维仍清楚，还经常写些笔记和短文，力争活到老、学到老、干到老。

来源：《院士人生》，马尚瑞、朱英才编著，西苑出版社2002年版。

金句摘抄：

一个真正的科学家是忠于科学、热爱科学的。他热心科学，不是为名为利，而是求知，爱真理，为国家作贡献，为人民谋福利。

谢家麟

（李世刚、李世东绘）

谢家麟（1920—2016），黑龙江哈尔滨人。加速器物理学家，中国科学院院士。1943年燕京大学毕业，1951年获得美国斯坦福大学博士学位。主要从事加速器研制。在美国期间领导研制成功当时世界上能量最高的医用电子直线加速器。1964年领导建成我国最早的可向高能发展的电子直线加速器。20世纪80年代领导了北京正负电子对撞机工程（BEPC）的设计、研制和建造。20世纪90年代初领导建成了北京自由电子激光装置。曾任中国科学院高能物理研究所研究员、副所长。1978年获全国科学大会奖、1990年获国家科学技术进步奖特等奖，获1995年度何梁何利基金科学与技术进步奖、2011年度国家最高科学技术奖等。

缅怀小平同志的教导　继续攀登世界科技高峰

谢家麟

邓小平同志视察北京正负电子对撞机已是十年于兹了，他永远离开我们也已经一年有余，但他的教导"中国必须在世界高科技领域占有一席之地"犹如洪钟大吕，常在我耳边激荡，也常引我对这句话深刻内涵的思索。他关心、支持北京正负电子对撞机的研制，显然是讲话精神的具体体现。北京正负电子对撞机是高科技领域最有基础性的高能物理的实验研究工具，同时它也是一个表面看来与国计民生没有直接联系的科研工程。在我们百废待兴的社会主义建设高潮中，该不该拿出一部分力量从事这项工作，这是国家领导人掌握方针政策时不能回避的一个原则问题。对此问题的回答必然反映了他对科技在社会发展中的作用，今天与明天的关系，在国际社会中我国的长远定位等等问题的认识。一个决策的正确性常常需要经过时间的考验。如今北京正负电子对撞机已经建成十年了，我们应该借此机会总结一下它给我国带来的种种效益，以体会他决策的英明与正确。

首先，北京正负电子对撞机在世界范围内是一个十分成功的科研工程。在小平同志的支持和关心下，所内所外的科技和管理人员，精神奋发、日夜拼搏，结果在预算内按计划顺利建成，一举填补了我国高能物理实验和同步辐射装置的空白。在性能上比美国同类装置的亮度高出四倍，可谓后来居上。更重要的是实验物理学家使用北京谱仪在这台对撞机上取得了国际水平的物理成果，实现了"占有一席之地"，没有辜负小平同志的期望。

如果说北京正负电子对撞机的作用限于基础研究，这是很不全面的看法。由于对撞机的建造牵扯到学科综合、技术精尖，它实际上促进、推动了我国高科技领域多方面的发展。如大功率速调管、电子直线加速器、大体积超高真空、计算机控制等等方面的设计与制造，对我国科技现代化起了很大的作用。另一方面，现代的科技发展，脱离不了国际合作。在北京正负电子对撞机的研制过程中，我们通过"中美高能物理合作委员会"与美国五大国家实验室建立了联系，为人员交流、器材采购开辟了通畅的渠道；同时与西欧中心和德、法、意、日等国的有关实验室也发展了协作关系。这个广泛的国际合作网的建立，事实上为我国科技领域的进一步发展创造了十分有利的条件。

发展对撞机和同步辐射这种"大科学"装置，有一个可能不被注意的特殊的意义，就是"大科学"实验室是科技创新的沃土。学科研究的结果带来科学创新，而研究手段的改进提高，又会带来技术创新。"大科学"实验室和它的实验装置的研制过程，集中了各行各业的理论与实验人才，构成了多学科的界面和边缘学科的生长点，提供了学术思想相互启发的环境。回顾过去，几十年来许许多多极其重要的科技创新，都是在高能物理实验装置中出现的：如超导腔、超导磁体、大规模制冷系统、超导输电、大功率速调管、新型相干光源、快电子学技术、二进位计数制、WWW信息网络等等，不一而足。我国目前正在启动知识创新工程，为了迎接知识经济时代的到来、保持国民经济的持续发展，"大科学"实验装置所能起的作用是不容忽视的。

在进入21世纪的前夕，我国大力提倡科技创新，为科技人员，特别是年轻的科技人员，提供了前所未有的机遇和条件。青年要抓住机遇，利用条件，首先在北京正负电子对撞机和同步辐射装置的已有基础上，努力拼搏，在装置性能和应用上不断地进行改进、提高，争取做出创造性的成果，推动我国科技的发展，这是我们纪念小平同志的关怀与支持，学习他的讲话精神的最好的方式。

来源：《北京正负电子对撞机建成 30 周年纪念文集》（内部文集），中国科学院高能物理研究所北京正负电子对撞机国家实验室，2018 年。

....

金句摘抄：

不断地进行改进、提高，争取做出创造性的成果，推动我国科技的发展，这是我们纪念小平同志的关怀与支持，学习他的讲话精神的最好的方式。

于敏

（李世刚、李世东绘）

于敏（1926—2019），天津人。核物理学家，中国科学院院士。1949年毕业于北京大学物理系。在中国氢弹原理突破中，提出了从原理到构形基本完整的设想。长期领导核武器理论研究、设计，为中国核武器的发展作出了卓越贡献。曾任中国科学院近代物理研究所助研、副研，二机部九院理论部副主任、理论研究所所长，中国工程物理研究院副院长。1982年获国家自然科学奖一等奖，1985年、1987年、1989年三次获国家科学技术进步奖特等奖，1999年被授予"两弹一星功勋奖章"，获2014年度国家最高科学技术奖，2018年被授予"改革先锋"荣誉称号。2019年被授予"共和国勋章"。

艰辛的岁月，时代的使命

于敏

一

时代的使命，社会发展的需要往往决定一个人的人生道路和命运。正当我对基础科学研究满怀兴趣，希望乘风破浪、有所发现和建树的时候，1961年1月，有一天钱三强先生把我叫到他的办公室，非常严肃和秘密地告诉我，希望我参加氢弹理论的预先研究。这是我始料不及的事情。钱先生与我的这次谈话，改变、决定了我此后的人生道路。

我的青少年时代是抗日战争时期，在沦陷区天津度过的。日本鬼子的横行霸道、亡国奴的屈辱生活给我留下深刻的惨痛印象，至今仍历历在目。民族忧患的意识，使我在青少年时代就立下了学科学、爱科学，从事科学研究，报效祖国，振兴中华的志向。但是，我的性格内向，喜欢宁静，从大学开始就喜欢基础科学研究，对应用研究不太感兴趣，比较适合从事小科学研究，不宜从事大科学研究；更从来没有想过，要去从事诸如研制氢弹这样一类大系统科学工程的工作。现在我们国家要强国富民，要搞原子弹、氢弹，防御外来侵略，这是一个历史性的任务，也是我实现夙愿，报效祖国的机会。俗话说，"国家兴亡，匹夫有责"，无国就无家，更何来个人的兴趣、志向和名誉？新中国刚刚成立不久，就受到西方反华势力的战争威胁，像我国这样贫弱的一个大国，如果没有自己的核力量，就不可能真正地独立，巍然屹立在世界之林。正像毛主席说的："要有原子弹。在今天的世界上，我们要不受人家欺负，就不能没有这个东西。"我国当时正处于遭受天灾人祸，苏联撤走专家，国民经济非常困难的时期，中央仍下决心要坚持搞原子弹和氢弹。钱三强先生在这个时候找我，要我参加研究，我深知这件事情的重要性。面对这样重大的题目，我不能有另一种选择。一个人的名字，早晚是要消失的。"留取丹心照汗青"，能把微薄的力量融进祖国现代化建设之中，我也就可以自慰了。正是这种很朴素的爱国主义和民族主义精神，促使我经过一番短暂的思想斗争以后，接受了这项沉重的使命，全力以赴参加这个工作了。

当时，我曾经想过，等突破氢弹原理，我国自己有了氢弹以后，再回去搞基础科学研究。但是，世事难料，事不由人，一干就是40年，我几乎一生都从事我国的核武器研制事业了。

二

20世纪60年代初是我国集中力量突破原子弹的关键时期。当时的二机部部长刘杰、副部长钱三强想，氢弹比原子弹在科学技术上要复杂得多，突破原子弹以后，氢弹要快上，就要早做准备，早做预先研究。这也是他们很重要的意见。但是，当时研制核武器的大本营二机部研究院，正在全力以赴地突破原子弹。为了不分散研究院的精力，他们就把氢弹的预先研究安排在原子能研究所。1960年12月，钱三强先生首先组织黄祖洽、何祚庥带领一批年轻人成立了一个小组，为了保密，代号叫"中子物理研究小组"，开展氢弹的基础研究。一个月以后，我也正式参加了这个小组的工作。先后参加这个小组工作的人有40个左右。设计核武器有三个要素：原理、材料和构形。它的基础是核武器物理。氢弹要以原子弹做基础，但是无论原理、材料和结构都要比原子弹复杂得多。当时二机部决定成立这个小组，开展氢弹预先研究，我认为确实是非常富有远见的。

热核燃烧，在高温高密度等离子体状态下，集流体场、辐射场、中子场和核反应场于一体，形成一个很复杂的综合场，交互作用，瞬息万变，有关现象和物理规律非常复杂。要研究这些现象和规律,电子计算机是必不可少的研究工具。那时,我国只有一台每秒 1 万次的 104 电子管电子计算机,主要的机时要保证主战场,给研究院使用。我们每个星期只分到十几个小时。这么小的计算机,每周只有十几个小时,用来研究热核材料燃烧的有关现象和规律谈何容易!但是我们就是靠这个小机器,每周的这十几个小时,通过全组科研人员 4 年左右时间的团结协作和共同努力,对有关的物理问题经过深思熟虑,充分论证后,进行了重点计算,并对计算结果的每个数据做了由表面现象到物理实质的系统的、细致的理论研究和分析,解决了一系列基础性的问题。

三

1964 年 10 月 16 日,我国第一颗原子弹爆炸成功。紧接着,主要的工作就转入氢弹的突破。毛主席指示:"原子弹要有,氢弹也要快。"周恩来总理明确下达任务,要尽快研制氢弹。为加强氢弹理论研究,1965 年 1 月,二机部决定把原子能所这个小组的 30 多个人调入研究院,与主战场汇合,一起突破氢弹。当时彭桓武先生任研究院的副院长,主管理论部的业务工作。邓稼先任理论部主任,我任副主任。研究院这支理论队伍在彭桓武副院长和邓稼先主任的领导下,通过突破原子弹的锻炼,已经成长为一支学术民主、实事求是、思想活跃、无私奉献、非常有战斗力的队伍。

1965 年 9 月底,理论部领导决定大部分人力继续留在北京探索突破氢弹的途径,另外由我带领理论部 13 室 1 个组的年轻人到上海去,利用 J501 机器,完成加强型原子弹优化设计的任务。加强型原子弹虽然含有热核材料,但是热核燃烧不充分,只起加强原子弹威力的辅助作用,它不是氢弹。这次到上海去的任务是进行优化设计,尽可能通过热核材料的加强,达到提高原子弹威力的目的。当时我们国家有两台最好的计算机,一台在北京,代号为 119 的电子计算机,每秒 5 万次;一台 J501,也是每秒 5 万次,在上海华东计算机所。这两台计算机当时在突破氢弹的过程中起了非常重要的作用。大家前后在上海连续奋战了100个日日夜夜，终于形成了一套从原理到结构的基本完整的理论方案。

消息传到北京，邓稼先同志立即赶到上海。老邓详细了解情况后，立即把上海发现的有关物理现象、规律和突破氢弹原理的方案带回北京。

经过各方面专家反反复复的讨论，大家一致认为这个方案是优越的、可行的。1966年初，实验部制定了爆轰模拟试验方案，进行了一系列爆轰模拟试验研究，并进行了大型爆轰模拟试验，研究解决了引爆弹的关键技术问题。1966年12月28日就完成了氢弹原理试验。在我国核武器发展史上，这是一次很关键的试验。通过这次试验，我们掌握了氢弹原理。

试验结束后，亲自在现场指挥的聂荣臻元帅，立即召集有关方面的专家和有关人员部署下一步的工作，决定乘胜前进，抓紧时机，于1967年6月做全当量试验。中央立即批准了这个决定。通过大家的努力，1967年2月，理论部完成了氢弹的理论设计。1967年4月，在空军训练基地进行了弹道特性试验，达到了预期要求。1967年5月，基地和西北核试验场全部完成了第一颗氢弹装置的制造、环境试验和有关热核试验前的测试准备工作。随后，第一颗氢弹装置就被运往国家试验场。

四

从突破原子弹到突破氢弹，我国用了2年零8个月的时间，美国人用了7年零4个月，英国用了4年零7个月，苏联用了4年，法国用了8年零6个月，我国的速度是世界上最快的。我国突破原子弹的速度也是令世界震惊的。

回顾我国研制核武器的历程，我内心充满感慨。研究院这支无私奉献、久经锻炼、富于开拓进取精神的队伍，在中央的英明决策和原国防科工委与二机部的坚强领导下，在全国大力支援下，坚持我国"独立自主，自力更生"的方针，群策群力，努力拼搏，发挥集体的聪明才智，努力创新，完全靠我国自己的力量攻克了核武器的秘密，走出了一条符合中国国情和中国战略需要的有自己特色的研制核武器的道路,这是何等艰难的历程,何等辉煌的业绩啊!

来源:《请历史记住他们——中国科学家与"两弹一星"》,科学时报社编,暨南大学出版社 1999 年版,有删节。

金句摘抄:
一个人的名字,早晚是要消失的。"留取丹心照汗青",能把微薄的力量融进祖国现代化建设之中,我也就可以自慰了。

周光召

（李世刚、李世东绘）

周光召（1929— ），湖南长沙人。理论物理学家、粒子物理学家，中国科学院院士。1951年毕业于清华大学，1954年北京大学硕士研究生毕业。主要从事高能物理、核武器理论等方面的研究，为中国物理学研究、国防科技核科学事业的发展作出了突出贡献。曾任二机部九院理论部副主任、理论研究所所长，中国科学院理论物理研究所所长，中国科学院院长，中国科学院学部主席团执行主席，中国科学技术协会主席，全国人大常委会副委员长等。1982年获国家自然科学奖一等奖，1985年获国家科学技术进步奖特等奖，1999年被授予"两弹一星功勋奖章"。

前辈科学家的精神风范给我们以激励和鞭策

周光召

1914年的夏天，9位在美国康奈尔大学学习的中国留学生任鸿隽、杨铨、胡明复、秉志、赵元任、周仁、章元善、过探先、金邦正，聚在一起讨论国际形势和救国方案，一致认为中国最需要科学知识，决定创办《科学》杂志。经过一段时间的筹款和组稿，《科学》杂志创刊号于1915年1月在上海出版。在此基础上，同年10月25日成立了中国科学社，也就是中国科学技术协会前身的一部分。

中国科技界的这些前辈们为了科教兴国呕心沥血，艰苦奋斗，尽了自己最大的力量。他们不仅没有报酬，而且要节衣缩食，保证《科学》杂志的出版发行。赵元任在自传中写道："在中国科学社处于其幼年期间，我们这些创办人试图节省我们微薄的收入，以便使中国科学社得以维持。我的一位康奈尔同学邓宗瀛发起了一个经济上的节食竞赛，一些时间是每天5角，另一些时间是每天3角5分，很快我们两人都因感冒而躺倒。"

胡明复（1891—1927），哈佛大学的第一位中国数学博士，是早期为《科学》杂志贡献最多的人之一。回国以后，他在学校创办数学系并教课；在创建我国第一个科技图书馆的同时，独自承担了《科学》杂志的编辑、校对及对外联络等大量事务，还操持中国科学社社务，为中国科学的发展尽心竭力。他说过："我们不幸生在现在的中国，只可做点提倡和鼓吹科学研究的劳动。……中国的科学将来果真能与西方并驾齐驱、造福人类，便是今日努力科学社的一班无名小工的报酬。"这段话充分表达了他这位爱国科学家的伟大胸怀。

科学社的另一位重要成员任鸿隽,早期参与了推翻清朝、建立民国的革命工作,后半生致力于科学宣传、科学教育和科学组织工作。他的见解非常精辟,针砭时弊,许多话直到今天还能发人深省。他指出,要了解科学,首先要明白科学的两个起源:一是实际的需要,二是人类的好奇。由于前者是外在的压力,后者是内在的冲动,所以就科学发现而言,好奇心比实际需要更重要。他说"唯真理是求,不为利夺,不为害怵。必此种精神弥漫于学人心脑之中,而后科学萌芽乃有发生希望。"他在《建立学界论》一文中又说:自清末以来,虽有无数博士硕士翰林进士,却不过是饰己炫人、挟术问世、为利而学而已,致使中国根本没有一个"为学而学"的学界,这是国家长期衰弱、国人"非愚则谀"的主要原因。他强调,人类物质文明的进步并不是科学家最初的动机,而是科学研究的必然结果。如果只想从物质文明方面来追赶西方,只想把科学当作一种富国强兵、改善生活的手段,却又不晓得科学的真谛,那就是一种舍本逐末的做法,不仅不会成功,差距还可能越来越大。

任鸿隽还总结和宣传了科学精神的5个特征:崇实、贵确、察微、慎断、存疑。他说:如果再加上不怕困难、不为利诱等品德,就更完备了。他认为当时的中国学界有四大弊病:材料偏而不全,研究虚而不实,方法疏而不精,结论乱而不秩。他经常强调科学人才培养和基础科学的重要。抗战中后期,他看到许多学生把经济学、商学和应用科学当作热门专业,而纯粹的基础科学却几乎无人问津时,便感到我国科学的发展面临着重大问题。他告诫大家:如果在物质生活之外不能发现高层次的精神活动,人生还有什么意义!他指出,纯理论研究最需要保持心灵的自由,它不应该受到干涉,而应该享受特别保护。任鸿隽所批评的现象、提出的观点许多今天仍有现实意义,值得我们深思。

1949年以前,科学社的社员们在极为艰苦的条件下不懈努力,在中国大地上广泛散布科学的种子,传播科学态度、科学方法、科学精神,培育了一批掌握现代科技知识和研究方法的青年,做了大量开创性的工作。

他们永远值得我们怀念。前辈科学家的事迹和精神风范给我们以启迪、激励和鞭策，振兴中华的历史责任已经落在我们头上。我们必须革除当前科技界的陋习，不急于求成，不为名利所惑，放下包袱，解除一切思想上的束缚，定下心来，求真唯实，艰苦奋斗，把自身的创造力充分发挥出来，群策群力，使中国科学成为世界科学发展的一支重要力量，使中国科学家在中国土地上对人类作出重大贡献。

来源：《科技导报》2005 年第 1 期。

金句摘抄：

前辈科学家的事迹和精神风范给我们以启迪、激励和鞭策，振兴中华的历史责任已经落在我们头上。

应崇福

（李世刚、李世东绘）

应崇福（1918—2011），浙江宁波人。物理学家、中国科学院院士。1940年毕业于华中大学物理系，1944年获清华大学硕士学位，1952年在美国布朗大学获博士学位。在固体中超声波散射、电压换能器瞬态特性、功率超声、晶体声学等超声学的许多领域取得了重要成果。在组织和推动中国超声学的研究和技术应用以及承担国家重点科研项目等方面取得突出成绩。曾任中国科学院声学所研究员、副所长，全国无损检测学会理事长，中国声学学会理事长。1982年获中国科学院重大科技成果一等奖，1984年获国家科学技术进步奖二等奖。

八十载回首

应崇福

1945年抗战胜利，我随华中大学迁回武昌，在武昌继续教书，直到1948年，我靠华中大学对教足年份的本校毕业生所提供的路费补贴，和美国布朗大学提供的助学金，去美攻读博士学位，以全A的成绩三年后完成学业。1951年，买好了8月的船票，却接到美国移民局的通知禁止出境。学校研究生院的职工帮我在学校应用数学系的金属研究室找到临时工作，这个临时工作让我同超声学结上了半辈子的情缘。

工作的金属研究室是应用数学系丘尔（Rohn Truell）教授开辟不久的超声学研究机构。同物理系的超声工作有别，丘尔教授开创了自己的两个新方向，一是发展高频率，从几兆到十几兆乃至几十兆（当时是绝对新），二是把固体作为研究对象（所以挂了"金属"的牌子）。这个研究室逐渐进展，后来成为国际上颇具特色的超声研究单位。我是在创业没有多长的时期参加进去的。事前在物理系没有念声学，现在倒要做超声研究。刚进去时的处境是，有国难回，有家难归，不过随后几年还是做出了成绩，是我丰产的年代之一。

1955年底回到祖国，1956年来到北京，当年3月进中国科学院当时的应用物理所工作，从而变成了北京人。在当时，国内很少知道有超声，我没有适当的工作条件。1956年国家制定十二年科学规划，在诸学科中有声学。马大猷先生是主要参与人，邀请我参加。随后筹备电子学研究所，声学规划落实在电子所内，马先生和我各自带两个年轻人转到电子所，组成声学的研究部门。是这样开始了多少年和大家一起的摸爬滚打。

回国转眼近45年，一直没有离开过超声学方面的研究工作。粗线条来说，45年中，工作上有过三次大起大落。

在美国时我做的是窄狭范围的基础研究。回国参加科学规划并目睹国内情况后，感到超声有一定用途，而国内几乎是空白，那时只有超声探伤方面开展了工作。于是放下了自己熟悉的基础理论和实验探索，和同事们一起，一方面研制超声学的基本设备，一方面进行应用和宣传。1958年大跃进，电子所超声室的全体同志，经过日日夜夜的苦战，大献礼时献出了近30个项目，初露锋芒。紧接着继续推广应用，比如在加工、洗牙、染布等方面和工厂、医院、农业等结合，做了多种示范工作。全室同志精神焕发，在那段岁月，哪天不加班加点才是稀罕事。工作得到电子所当时筹备主任顾德欢同志的支持，又向科学院许多分院的电子所普及，得到欢迎。1959年在武昌召开了一次中国科学院的全院超声会议。院外的许多工厂和学校便提出异议，说我们不该搞封闭。于是1960年在上海又召开了一次全国范围的超声会议。

全国超声会议是成功的，但是闯出了乱子，在国内有些地区可以说煽起了超声"潮"。这种估计过高的行动显然不可能持久，而且物极必反的结果反过来损坏了超声的声誉。至于我自己呢，由于在"潮"高时表示不赞同，受到一定的冲击。外界有人说我当时红得发紫，实际上我在靠边站。幸亏"潮"来时间不算很长，不过"潮"过后实验室已是满目疮痍。随后我曾作过一些努力，力图让超声得到应有的、如实的评价，在这过程中得到了上级的有力支持。是黄金总会闪光，超声的一些主要应用，像超声诊断、超声探伤、超声处理等等，在第一次大起中破土而出或者汲取营养，经受了第一次大落的洗礼，仍然倔强发展，到现在已普遍结果。

第二次大起大落是比较一般的。超声"潮"降落后，从1961年末开始，我和我们的研究室受命承担几项国家任务，以超声检测为"两弹一星"服务，工作还算顺利，大部分任务通过鉴定，认可为完成。却遇上"文化大革命"，个别工作受到影响。

在 20 世纪 80 年代，经过深思，我和同事们选择了基础研究，做了两项系统性工作，取得了比较满意的成就，表现在获得几项科学院的奖和国家奖，在国外也得到认可，同时又培养出一批青年人才。这 80 年代是我和几位同事，从科学研究角度讲，比较愉快和有收获的年代，这个时期的经历也许可以算是大起大落中的第三次大起吧。从超声学的全局看，这个时期内声表面波的应用开始崭露头角。

进入 20 世纪 90 年代，科研环境却起了变化。这变化一步步延拓到今天。我个人的感觉是：变化影响了我们这部分研究的安定。应当说，几年来国内科技有巨大进展，特别是信息领域的科技及其产业化。我住在中关村闹市，不能不亲身体会到奔腾的巨流。但是，我仍然认为，是否在同时或多或少地抑制一些学科及其基础研究？在科研领域，是否可以多做一些对国内情况的深入调查和认真公开的总结评价？是否可以多实施一些"百花齐放、百家争鸣"？对科学发展的一些理论问题，如学科的作用、基础研究的性质、个人作用外的集体作用、突变和继承的关系，是否可以要求多了解些？这里不是讨论这些问题的场所，我自己也要在透明度不足的情况下多思考，所以不多谈了。我只是就自己的生命过程，提出一点感受，即 90 年代对超声学研究来说，是第三次的大落年，不是急落，而是阶梯式的落，但总的落差不小。有人说该落，该不安定，我不敢苟同；研究人员应当，十分应当，正确改革，但为的是不落。

目前，包括我在内的少数人在逆流中苦游。不过显然，当第四次"大起"，我可能没有机会参与了。

八十载是漫长的岁月，是极端多事的岁月。1927 年作为一个九岁小孩在武汉街头目睹的大屠杀；1939 年桂林日寇轰炸后的满城大火；1954 年在美国缅因州的驱车独游；60 年代早期在科大兼课，几乎每次都要备课到清晨时的鸡叫，眼前，窗外受洋文大广告牌阻挡了几年，近年因牌被拆而重现的黝黑西山。一件件的生离死别，一次次的跌宕起伏。这些，除眼前的外，已尽是往日云烟。

我常想，人体真是个绝妙的机器。机器的每个部件，一工作就是几十年（在我的情况是 80 年）。在这几十年里，不少部件从不敢休息，像心脏，它不能说请个假去打半分钟的盹。人们真应该感谢这些部件的敬业精神，但显然也要明白，如果有一天有一两部件不得已告退，那也是很自然、很必然的事，算不了什么大意外。另一方面，蜡烛也是很奇妙的。在完全点完之前，它还可以点燃发光，有时只剩一小片已熔的蜡油，只要烛芯还能站直，这个形态已变的蜡烛还可以点上一分半分钟的。那么，何必不点呢？

来源：《应崇福院士八十华诞纪念文集》，中国科学院声学研究所编，中国科学技术出版社 2000 年版，有删节。

金句摘抄：

蜡烛也是很奇妙的。在完全点完之前，它还可以点燃发光，有时只剩一小片已熔的蜡油，只要烛芯还能站直，这个形态已变的蜡烛还可以点上一分半分钟的。那么，何必不点呢？

孙鸿烈

(李世刚、李世东绘)

孙鸿烈（1932— ），河南濮阳人。土壤地理与土地资源学家，中国科学院院士。1954年北京农业大学毕业，1960年从中国科学院林业土壤研究所研究生毕业。长期从事农业自然资源及区域综合开发方面的研究，强调将自然资源作为整体系统进行综合研究。曾任中国科学院自然资源综合考察委员会主任，中国科学院副院长，国家科委"青藏高原形成演化环境变迁与生态系统的研究"项目首席科学家。1986年获中国科学院科学技术进步奖特等奖，1987年获国家自然科学奖一等奖，1989年获陈嘉庚地球科学奖、获1995年度何梁何利基金科学与技术进步奖，2009年获艾托里·马约拉纳伊利斯科学和平奖。

我深深眷恋着的青藏高原

孙鸿烈

1972年,"中国科学院青藏高原综合科学考察队"成立了。1973年开始,这是人类历史上第一次全面地、系统地开始对青藏高原的科学考察,从此,青藏高原研究真正进入到科学发展阶段。

这次考察,我的思想很明确,对西藏应该有一个全面的扫描,各种资料都要收集起来,填补空白,同时在此基础上做理论探讨。所以,当时队伍规模很大,有50多个专业,包括地质构造、岩浆岩、沉积岩、地层、古生物、第四纪地质、地球物理、气候、地貌、植被、土壤、冰川、河流、湖泊、盐湖、地热、森林、草地、农作物、家畜、高等植物、地衣、苔藓、藻类、鸟类、哺乳类、爬行类、昆虫等。到1976年,队伍规模达到400多人,分成了4个分队。

我参与了1973年到1976年的野外考察的全过程。当时环境之恶劣,设备之简陋,其艰苦程度是常人难以想象的。我记得1976年我们在阿里考察时,几乎每天都要爬到海拔6000多米,这样才能看到海拔高度变化后自然条件的变化。那时每走几步都要停下来喘几口气。晚上宿营,也是在海拔5000多米的地方,几乎每晚睡觉都头痛。即使夏天也很冷,晚上小河都结了冰,每早都用棍子或石头把冰砸个窟窿,再把冰水舀起来。水太凉,我们基本都不洗脸,胡子也不刮,甚至连牙也不刷。

吃饭是非常困难的事。我们规定科考人员轮流做饭,不管是队领导,还是一般科研人员,每人一天。只有司机不做饭,让他保持充沛精力开车。这样，做饭的同志就比较辛苦，要早起，考察回来再累也要先做晚饭。但也有乐趣，每人各显神通，南北风味，应有尽有。做饭必须用高压锅，否则做不熟。要做点可口的饭菜，很不容易。菜都是干菜，脱水白菜、粉条、咸肉、木耳什么的。有时改善一顿包饺子，就到野地拔野葱，剁碎了，然后用罐头肉混搅成馅。但中午这一顿就比较艰苦了，带什么到山上都冻成冰疙瘩了，所以我们只带从部队买的压缩饼干，渴了就到小河沟里舀点水喝。压缩饼干好像是用豆面、面粉加上糖、盐等制成，还好吃，但必须用水就着才能咽下。如果没有水就每次咬下一点，用唾液将它混合，"斯斯文文"地吃。一条五厘米长、两厘米宽、半厘米厚的压缩饼干，都很难吃完，太干了。如果能碰到藏族牧民的帐篷，他们总是很热情地招待我们喝酥油茶，吃糌粑，我们就把压缩饼干给他们的小孩，小孩吃着也很高兴。但是这种"巧遇"太少了。

交通也是大问题，在野外考察常常没有路，遇上过河时，由于有些河床非常宽，过了一道水，再过一段河滩，接着又是水，选择不好，车一下就陷住了。有一天中午，我们陷到了河中间，河底都是沙床，非常厚，越发动车越往下陷，后来大半个车轮子都陷下去了。车上带的垫车的木板已无济于事。天黑了，我们只好在河滩上睡觉，等第二天早晨河滩冻住了再设法推车。我们睡觉时河滩已冻硬了，就将三角形的帐篷支在沙滩上睡觉了，无法做饭，连晚饭也没有吃。等第二天早晨起来，发现我们都陷下去了。原来沙子在我们身下都热化了，每个人都睡在一个坑里。因为有帐篷底子包着，所以还不至于让水泡起来。

由于强烈的高原反应，很多同志都留下了不同程度的后遗症，有的同志的牙掉光了，有的同志严重脱发，有的同志患了胃病等其他慢性病。而且科考队员不仅流汗，牺牲也是时有发生的，梁家庆等几位科研人员就是为青藏考察与研究献出了宝贵的生命。

虽然条件非常艰苦，每个队员却都保持了乐观的情绪、昂扬的斗志。因为那个地方未知的东西太多了，有了新的发现以后，又想去追索现象的原因，做各种理论上的推断，然后又想去搜索更多的资料，再判断。就是在这种循环往复中，给每一个科研人员以吸引力和推动力，拿现在时髦的话说就是驱动力吧！就是这个驱动力使得我们几代科研人前赴后继！

这几年的考察在业务上收获是很丰富的，考察队把西藏自治区从东往西，由南向北，像梳头发似的梳了一遍。但由于这个地区地域辽阔，交通不便，我们还不敢说对那里的资料已收集得很完整，对它的规律已摸得很清楚。但总的来说，还是收集了相当丰富、系统的地学、生物学方面的资料，同时对这些现象的形成、分布演化规律，做了初步探讨。

1977—1979 年我们集中 3 年总结。我的宗旨是，整理一套系统的西藏资料，像百科全书一样，对西藏今后的建设和研究都是最基础的资料。后来出了 34 种 43 部书。比如《西藏植物志》是一种，但分 5 卷出版。每种植物有一段描述，分布在什么地方，有什么特点，哪些是我们新发现的，等等。全套书完成，已是 80 年代了。这一套书使我国西藏第一次有了系统的、自然科学的研究结果。虽然谈不上很高的理论水平，但总是第一次对西藏这个地区有了科学阐述，还是很有价值的，所以中国科学院给了科技进步特等奖，国家给了自然科学一等奖。

1979 年我们酝酿开个国际科学讨论会，请刘东生先生任秘书长，我任副秘书长。听说中国要搞一个青藏国际讨论会，国际上反应强烈，很受欢迎，来了许多非常知名的科学家，很多长期搞喜马拉雅研究的科学家都来了。

这次研讨会的成果虽然只是填补空白的工作，但外国人长时期进不来，他们很想知道青藏内部的东西。这时我们拿出的这些研究成果，向国外科学家展示，引起了轰动效应。

改革开放，中国科技率先向国外开放，中科院作出了成绩，配合了改革开放的政策。

这次讨论会开得很成功，出了两本英文文集，一册是生态地理方面的，一册是关于地质、岩石方面的。

由于 80 年代初我就到中科院院部去工作了，不能再参加像 70 年代那样长期的野外考察了，但是我从未间断过对青藏高原的研究，而且几乎每年都要去一趟。可以这样说，青藏是我成长的摇篮，她不仅让我收获了科学成果，锻炼了我的管理能力，尤其是使我养成了跨学科综合思维的习惯。

青藏高原研究现在已经进入到深入理论研究的阶段。在姚檀栋院士为首席科学家的带领下，一批高水平、高素质的年轻人正利用最先进的技术设备和最前沿的科学理论，活跃在青藏这个大舞台上。作为老青藏科考人，看到一批批高水平的科研成果问世，新的科研人才不断涌现，深感欣慰！

我相信，老一辈科研人员凝聚在青藏研究中的科学精神、奉献精神、团结精神，必将会发扬光大，青藏研究必将取得更大成果。

来源：中国科学院地理科学与资源研究所70周年所庆专题网站之"回忆回顾"栏目，2010年。

金句摘抄：

虽然条件非常艰苦，每个队员却都保持了乐观的情绪、昂扬的斗志。因为那个地方未知的东西太多了，有了新的发现以后，又想去追索现象的原因，做各种理论上的推断，然后又想去搜索更多的资料，再判断。

李惕碚

（李世刚、李世东绘）

李惕碚（1939— ），籍贯湖南攸县，出生于重庆北碚。高能天体物理学家，中国科学院院士。1963年毕业于清华大学工程物理系。中国科学院高能物理研究所研究员、清华大学教授。倡议和组织开拓了中国的高能天体物理实验研究，曾任硬X射线调制望远镜卫星项目的首席科学家，在宇宙线和高能天体物理实验研究与数据分析等方面取得重要成果。1978年获全国科学大会奖，1987年获国家自然科学奖三等奖，2001年获中国物理学会王淦昌物理奖，获2006年度何梁何利基金科学与技术进步奖等。

何泽慧先生的风格

李惕碚

今年春节期间,我同莲勋到何先生家拜年时,翻看客厅茶几上放着的一本书,里面有她参加一个会议的照片。何先生说她挺喜欢这张照片,但是记不得是什么时间拍的。我告诉何先生,这是1978年9月她在第一次高空气球工作会议上讲话的照片。何先生有些奇怪:"哦,你还记得这么清楚?"其实,我对时间的记忆能力是很差的。但是,30年前的这次会议我却记忆犹新。那时候,"文化大革命"才刚结束,高能所宇宙线研究室的一些年轻人(我是其中年龄最大的)联络大气所、空间中心、紫金山天文台等,想通过建设高空科学气球系统,推动空间天文和其他空间科学探测在中国的起步和发展。会议在高能所主楼二楼的一间会议室举行。当天,科学院的一位领导也来高能所视察,行经二楼走廊,看到这间会议室门口张贴的"中国科学院高空气球工作会议"的小条,很生气,厉声斥责高能所领导:为什么不集中力量确保高能加速器建设任务,还要搞什么气球?也许那位院领导并不知道何泽慧先生也在会并且在热情洋溢地讲话。

何泽慧先生秉承报效祖国、追求真理的初衷,热心扶持幼小的前沿交叉学科,挺身保护困境中的科研人员,如此地自然而然,对她而言,压力和风险似乎根本就不存在。在何先生那里,科学研究就是探索自然的本来面目,如此而已。她崇尚原创,心仪"捆绑式实验",珍视第一手的原始数据,而从不理睬那些流行的种种花样。权位和来头,排场和声势,以及华丽的包装，对何先生都没有作用；她会时不时像那个看不见皇帝新衣的小孩子，冷冷地冒出一句不合时宜而又鞭辟入里的实在话。

爱因斯坦在纪念居里夫人的文章中写道："第一流人物对于时代和历史进程的意义，在其道德方面，也许比单纯的才智成就方面还要大。即使是后者，它们取决于品格的程度，也远超过通常所认为的那样……居里夫人的品德力量和热忱，哪怕只要有一小部分存在于欧洲的知识分子中间，欧洲就会面临一个比较光明的未来。"半个多世纪，潮涨潮落，中国的社会和科学发展走过曲折的道路。成绩是举世公认的，而其中求实和原创精神的失落也开始被注意到。在反思中，一位人文学者说过："有人说，自从进入20世纪下半期以后，中国就再也产生不出独创的、批判的思想家了。这话并不尽然，我们有顾准。"在有幸受到何先生教诲的30多年中，我的脑中也多次浮现出这样一句话：

我们有何泽慧！

来源：2009年3月5日《科学时报》，有删节。

金句摘抄：

权位和来头，排场和声势，以及华丽的包装，对何先生都没有作用；她会时不时像那个看不见皇帝新衣的小孩子，冷冷地冒出一句不合时宜而又鞭辟入里的实在话。

协同篇

任新民

（李世刚、李世东绘）

任新民（1915—2017），籍贯湖北襄阳，出生于安徽宁国。航天技术与火箭发动机专家，中国科学院院士。1940年毕业于重庆军政部兵工学校大学部，1948年获美国密歇根大学博士学位。曾任哈尔滨军事工程学院教授，国防部五院总体技术研究室主任、液体发动机设计部主任，七机部一院副院长，七机部副部长。长期从事导弹与航天型号研制工作，在液体火箭发动机和型号总体技术上贡献卓越。曾担任试验卫星通信、实用卫星通信、风云一号气象卫星等大型航天工程的总设计师。1985年获国家科学技术进步奖特等奖两项，获1994年度首届求是科技基金会"杰出科学家奖"，1995年被评为全国先进工作者，1999年被授予"两弹一星功勋奖章"。

顾既往，瞻前途
——话我国航天事业

任新民

新中国诞生40周年了，各项事业都取得了辉煌的成就。作为这些事业组成部分的导弹与航天事业，所取得的成就更是举世瞩目。30多年来，我作为一名科技工作者，有幸为发展我国导弹与航天事业而努力工作，亲眼目睹其从无到有、从小到大的发展。

顾既往，瞻前途，感慨万千，情不自禁，颇思一吐为快。其中不乏重复老话、偏激怪话，恳请读者指正。

一

我国的航天事业是在导弹事业的基础上发展起来的。通过导弹的研制和发射，形成了具有运载火箭、发射靶场和测控系统的较为完整的体系。在此基础上发展了卫星，增建了发射卫星和轨道测控的配套设施。最近，卫星通信的地面设施、电视单收站也先后在全国各地逐步建成，气象卫星的地面接收站和数据、图像处理中心已全部建成，还在北京建成了一套资源卫星的地面接收站和图像处理站。这是我国航天事业进一步发展的物质基础。

从1989年2月1日起，中央电视台主要频道已由租星转为使用国内"东方红二号甲"通信卫星；中央广播电台的对外广播早已利用我国卫星的转发器；我国的军事部门、石油部门、水电部门已利用"东方红二号甲"卫星进行专业通信；国家气象局的卫星接收站和数据云图处理中心早已利用国际气象卫星预报气象，在1988年"风云一号"气象卫星试验中，也证明我气象卫星发送的各种云图图像清晰，地面站能实时接收和处理，海洋局也利用这颗星进行了实验；科学院空间中心的北京资源卫星地面站和图像处理中心，还利用国外卫星发送的信息，处理出了合格的、可用的图片，为森林、地质矿产部门提供了宝贵的资料。这一切，说明我国的航天事业已进入为国民经济服务的新阶段。

近年来，我国提出运载火箭为国际发射卫星服务，卫星研制同巴西合作，航天技术的某些远景设想的对外透露，更引起了国内外的震惊。

现在国人把"原子弹爆炸，卫星上天"作为中国的骄傲。在许多会议上常听到有人说，"原子弹能爆炸，卫星能上天，还有什么事我们不能做?!"全世界的华人对出现"中国火箭发射美国卫星"的局面，无不感到这是为炎黄子孙增了光。即使是海外和我们有不同政见的华人，谈及此事，也认为"与有荣焉"。国际航天技术讨论会上，也经常谈到中国的航天发展情况。

在国内曾流行一种说法，认为搞导弹卫星是浪费钱财，于建设无补。有这种看法的同志可能是对情况不够了解或了解甚微。回顾50年代，新中国刚成立，美国的铁骑已踏到我国东北大门口，列强对我进行封锁。"没有导弹、原子弹，说话不算数呀！"中央在当时财力和技术力量都很薄弱的极其困难的情况下，决心发展导弹和原子弹，这是非常英明的决策。事实证明，正是由于这个英明决策，中国的航天事业才有今天的成就，才使中国的航天技术跻身于世界民族之林，才壮了国威，为祖国的社会主义建设提供了一个良好的和平环境。更何况，导弹、原子弹的研制也促进了科学技术的发展。诸如新材料、新工艺、新设备等也都随着导弹、原子弹事业的发展而相应地发展起来了，这为我国国民经济的发展起到了重大的促进作用。事实上，航天事业对国民经济建设的好处，已经越来越明显了。

回过头来看，根据有关部门的统计，我国导弹与火箭所花费的资金比西方国家、苏联等要少得多。即使是与国内相近的行业相比，花钱也是不多的。我国航天事业对国内外的影响，是不能单纯用"经济效益"来估量的。今后正是我国利用现有的航天技术基础，使其对我国的经济建设发挥更大作用的好时机。

二

中国的航天事业之所以能取得举世瞩目的成就，通常讲这是中央的领导，全国人民的支持，航天战线上（包括各部门）的工人、知识分子和老干部辛勤劳动的结果。这些都是事实。但最重要的是什么呢？国外常有一种说法，认为创造"机会"的人是贡献最大的人，是最有功劳的人，他们有所谓"原子弹之父""氢弹之父""导弹之父"的说法。对我国的导弹与航天技术来说，国家决策要发展这一事业，决策为广大的从业人员提供了一个新的发展机会。这是对这个事业发展起根本作用和关键作用的因素。有了这种决策之后，目标明确，才有可能成立相应的机构，调集各种各样的人，来干这件事。被调集来的老干部、知识分子和工人，得到了这个"机遇"，到这项事业中发挥自己的聪明才智，贡献自己的力量，在这项或那项工作中作出了自己的贡献。作出这一项决策的是当时的党中央，具体负责这项工作的领导人，是周恩来总理、聂荣臻副总理等。钱学森同志是当时我国唯一在这个领域工作过的专家，也参与了这项决策工作。之后，国防科研战线上的领导，如张爱萍同志等，都是坚持发展这一事业的有功之人。我们制定并逐步形成了一套规章，例如：抓规划、抓重点；预研、型号研制、生产三步棋；重视知识，关心知识分子的工作和生活；保证技术指挥线畅通，实行行政指挥系统和设计师系统两条线的指挥方法；重视质量，做到"严肃认真、周到细致、稳妥可靠、万无一失"；要抓好技术后勤和生活保障；等等。这些都是行之有效的规章，是我们的宝贵经验。

航天事业是庞大的事业，需要有一支宏大的队伍来为之奋斗。就中国的情况来说，不管是从全国范围，还是从直接主办这项事业的原国防科委和原国防部第五研究院以及以后的国防科工委和航天工业部来看，这项事业所取得的成就是由领导干部、知识分子（科学技术人员）和工人三部分人共同努力的结果，而且缺一不可。当然从具体人来讲，可能有的工作时间长一些、贡献大一些、岗位重要些。但从宏观上讲，这项事业的成就应该归功于这三部分人。

三

顾既往，瞻前途。30多年来，最重要的一条是要持续发展中国的航天事业，这是全国人民，也是全世界炎黄子孙的愿望。经验确实丰富，教训也不是个别的，然而确是宝贵的。现就以下几点谈谈个人的看法，供今后坚持持续发展中国航天事业的志士们参考和评说。

1. 决策和策源——建立策库

就航天事业在国民经济建设和国防建设中的地位而言，要不要发展，本身就是一个大策。至于如何发展，则要联系到在各个阶段对国民经济的影响程度。决定上哪些项目？因为这些项目都要资金，所以需要综合平衡。这些问题都有一个决策问题。

决策要贯彻民主集中的原则，要充分发动群众，充分酝酿。"三个臭皮匠胜过一个诸葛亮"。但仅是这些，对现代化的今天显然是不够了。至于你一言、我一语地临时东拼西凑，或听听汇报，依据一面之词就拍板定案的做法，更是远远不能适应航天事业发展的要求。策源要丰富，调查要充分，这是前提。只有这样，才能使矛盾全面暴露，才不会出现瞎子摸象的局限和片面的认识。随着事业的发展，各级领导要不断提出各种课题。专门的研究机构和有关专家在经过充分阅读有关资料和实地考察之后，要进行必要的分析、计算和试验，并且把得出的结果汇集成"策库"，以便领导在讨论、决策时，有充分的依据，对不同方案的得失、利弊了解得一清二楚，避免因部门观点不同而做出片面或有偏向的结论。

例如，要不要发展卫星通信这件事，认识就不统一。通信的手段很多，诸如有线、微波站、光纤和卫星等。当前的投资方向，有人认为是光纤，有人认为是卫星。本来光纤通信和卫星通信是各有特点：光纤通信建设投资大，适用于容量大的点点之间的通信；而对于边远地区或长途的、业务量较少的地区，则宜采用卫星通信，投资见效快，可避免早期传输容量的浪费。这些问题不弄清楚，不仅影响通信建设的全面规划，也影响卫星通信的发展。

2. 2000 年左右应重点发展应用项目，抓商业化

当前我国航天事业的发展，主要是靠部门写报告，国家拨款；一个任务完成后，再写报告，再拨款。这个方式弊端颇多。第一，投资不稳定，任务不连续，不能长远规划；第二，部门的申请报告只要批了，申请单位就有使用的权利，而没有义务，这有点儿吃大锅饭的味道。例如，通信卫星上天的初期，就有自己用不完而又不肯让别人用的现象，使卫星的效益不能充分得到发挥。若是管理得好，则星上每个转发器的每一秒钟都应有业务。建议卫星的研制费和发射费由使用者、受益者负担。例如，对于通信卫星，通信经营部门和电视广播部门都应向国家交税，电视机和地面单收站也应将上税计入出售成本。这样卫星的研制费和发射费就可以回收了，至少可以部分回收，回收的经费可以作为下一颗卫星研制费的补充。这样既可以保持卫星长期的连续运转，又可以节省国家投资。

建议在 2000 年左右重点发展应用，利用商业化的手段，使航天事业以较少的投资为国民经济建设作出更大的贡献。

3. 自力更生与引进、合作

早在老五院时期，党中央和毛主席就批准了聂荣臻副总理提出的自力更生为主，争取外援为辅，充分利用资本主义国家的科研成果办院方针。航天事业 30 多年的历程就是在这个方针指引下走过来的，今天的成就也是在这个方针指引下取得的。在当时层层封锁的情况下，我们通过各种渠道，争取外援，利用外国人的科研成果。在我们的产品设计中间，不少都融合了西方国家和苏联的科研成果。但这些利用是在自行设计、自行研制的过程中融合的，不是"唯洋"，不是生搬硬套的。我们的设备尽管同世

界先进国家相比，是比较落后的，但从1978年开放以来，外国的同行们看到我们的设施感到有特色，对有些"土办法"认为颇巧妙，感到新鲜。

现在实行开放政策，条件好多了，有些可以花钱在国际市场上买到，有些可以引进。但航天技术涉及的领域有其特点。第一，敏感。1978年我们到美国参观它的航天设施，交谈技术情况，当时美国宇航局长就明确地向我说，氢氧发动机是国家机密，不能看，也不能谈。日本人也明确地说，H-2运载火箭，不和中国合作。欧洲人也说，赫尔莫斯小型航天飞机（Hermes）、阿里亚安-5运载火箭（Ariane-5）和哥伦布航天舱（Columbus）不能合作。你想买，他不卖；你想合作，人家不干。第二，我们的资金有限，买不起。买一颗通信卫星的钱就够自己研制几颗了。第三，我们的技术队伍也要工作，把自己能干的让给外国人干，我们自己干什么？要失业。记得五届全国人大一次会议政府工作报告中谈到，"引进的目的是为了增强自力更生的能力"。我认为这句话对于航天事业来说是很对的，我们不是为引进而引进，不能靠引进满足国内市场的需要，更不能靠引进实现我们的国防现代化。

现在对外开放，要充分利用这个条件，适时地购买一些必要的、合用的仪器设备，充实实验室，改善研究条件。例如引进与计算机辅助设计和辅助制造（CAD、CAM）有关的计算机及柔性加工设备，借此完善和改进设计方案，缩短研制周期，提高测量和控制精度是必要的。

外国人有成功的经验，但也有失败的教训。例如，美国人想用航天飞机代替所有一次性火箭作为运载器，用它兼做运载和空中试验站，都不很成功，美国国内也有很多评论。这些教训都是可以吸取和借鉴的。

聂老总反复告诫我们，"尖端技术靠买是买不来的"。我们自己的经验也是如此。相反，自己有了本事，别人倒过来愿意和你交换意见和经验。所以我认为，老五院的建院方针对今后我国航天事业的发展仍有指导意义。

另有一些问题，诸如技术指挥线和行政指挥线的分工合作、全国大力协同、载人航天、航天返回及水平着陆等，虽有所思，但受篇幅所限，只好作罢。临笔匆促，所言未必准确妥当，念及匹夫有责，也顾不得合适与否，更谈不上细琢。但愿不只是一吐为快，如能引起注意，实为有幸。

来源：《回顾与展望：新中国的国防科技工业》，《回顾与展望》编辑委员会编，国防工业出版社1989年版。

金句摘抄：

聂老总反复告诫我们："尖端技术靠买是买不来的"。我们自己的经验也是如此。相反，自己有了本事，别人倒过来愿意和你交换意见和经验。

黄纬禄

(李世刚、李世东绘)

黄纬禄（1916—2011），安徽芜湖人。导弹与火箭控制技术、总体技术专家，中国科学院院士。1940年毕业于中央大学电机系，1947年获英国伦敦大学帝国学院硕士学位。1979年起，担任我国首枚潜地导弹总设计师、固体陆基机动战略导弹总设计师。曾任中国人民解放军通信兵部电子科学研究院研究员，国防部五院二分院第一设计部主任，七机部一院副院长，航天部科技委副主任，长期从事火箭与导弹控制技术理论与工程实践研究工作，对导弹研制过程中重大关键技术问题的解决、大型航天工程方案的决策、指挥及组织实施发挥了重要作用。获1994年度首届求是科技基金会"杰出科学家奖"，1999年被授予"两弹一星功勋奖章"。

研制固体运载火箭

黄纬禄

一、从"液体"走向"固体"

1970年4月22日,我从液体火箭控制系统研究所调到固体火箭总体设计部,这次调动是我工作中的一个大转变,从此,我的工作从液体火箭走向固体火箭,从地地火箭走向潜地火箭,从控制系统走向了火箭总体。

这次调动使我在工作中从头学起,边学边干,向同志们学习,向图书资料学习,遇到不懂的就以小学生的姿态求教,并请懂行的同志从 ABC 教起。我的真诚求教,得到了不少同志无微不至的帮助,没有一位觉得我这个总体部主任这也不懂那也不懂而予以鄙视,相反还把我看成是一个实事求是、平易近人的领导。就这样,我很快对他们过去的工作有所了解,讨论问题时也逐步有了发言权。

二、团结协作克难关

固体潜地火箭是潜艇从水下一定深度发射出来的固体火箭,有许多不同于陆基液体火箭的特点和关键技术,最初是1967年在地处内蒙古的七机部四院开始研制的,后来总体部和控制所于1970年迁至北京隶属一院,我就是那一年调到总体部当主任的。这种火箭被定名为"巨浪"。后来因一院型号较多,为加快研制的进展,1979年此型号任务又从一院调整至二院，我也跟着又回到二院并担任该型号的总设计师。那时，由于很多重要协作单位都在院外或部外，为加强管理，每周在二院召开一次协调会，检查上周计划执行情况并安排下周任务，有七机部副部长程连昌，科研局局长钱维松与邵锦成及国防科委三局副局长丁衡高与汪永肃等参加。凡是二院无法解决的问题，七机部和国防科委都帮助解决，因此，工作进展比较顺利。二院虽是抓总单位，但对协作单位从不发号施令，而是以兄弟相待，因而感情融洽、容易协调。当时钱维松局长几乎全力抓"巨浪"，以至获得"巨浪局长"的雅称。程连昌副部长对"巨浪"想得更周到，每次动员会上他都能列举二三十条注意事项，以至我发言时已无话可讲，有时"埋怨"道："程部长，您一网都打尽了，连一只小虾米都不剩给我！"丁衡高副局长遇到难解决的问题也及时报到国防科委主任、副主任那里去解决。总之，上下一心，什么难题都能迎刃而解。我们的技术人员发挥聪明才智，攻克了一个又一个难关。

固体推进剂是在没有外援条件下独立自主研制出来的，四院的同志在地处偏僻的内蒙古，在生活条件十分艰苦、研制条件相当简陋的情况下，经过20年的拼搏，并牺牲了几位同志的宝贵生命，最终研制成满足飞行试验要求的复合固体推进剂和发动机，为固体火箭的研制作出了巨大的贡献。

"三防"（即防潮、防霉、防盐雾）措施是火箭研制过程中的一个重要组成部分，我们在工作中按照周恩来总理生前对航天事业的指示："严肃认真、周到细致、稳妥可靠、万无一失"的十六字方针，对从元器件、原材料到整机、包装箱、库房条件、套箭衣等所有想得到的问题都采取了预防措施，并逐项通过严酷条件下的考核，确保稳妥可靠。

为保证潜地火箭箭体的气密、水密和结构强度，总体部结构研究室进行精心计算分析和设计，箭体和固体发动机生产厂用严格的工艺保证生产的可靠性。由于火箭尺寸的限制，仪器舱体积比较小，计算机研究所把计算机的体积一下子减小到二分之一以下；控制研究所把一些设备进行合并，又把外壳形状按仪器舱的形状进行设计，使安装更加紧凑；遥测系统研究所采用集成电路代替分立元件，使设备体积大为缩小。这一问题完全是靠各研制单位大力合作，才得以顺利解决的。由于固体火箭发动机不能按要求随时关机，设计人员经过仔细分析计算，在二级发动机的前封头上配置了三个反向喷管，解决了这一难题。这些技术都是研制液体火箭未曾使用过的。

三、模型火箭溅落长江水中

1970年的炎夏，我和总体部有关同志携带一枚模型火箭的壳体，来到南京长江大桥附近做溅落试验。

模型火箭就是外形尺寸、重量、转动惯量、重心位置等都和真实火箭相同或相近的模型，用来模拟真实火箭并用以检查发射过程中各方面的协调性。为防止发射出来的模型火箭落入水中时沉砸舰艇，总体部的同志研究设计出一套灵巧的排水装置，把模型火箭水箱中的水在入水前排尽，来减轻重量。排尽水箱中水的模型从高空回落到水中后到底能冲入多深，是否有砸艇的可能呢？我们便做了这次溅落模型火箭的试验来验证。

号称"四大火炉"之一的南京，当时气温高达38℃，而我们的技术人员试验前还要钻进暴晒之下的模型壳体内粘贴橡胶囊，壳体内温度竟高达五六十摄氏度，加之胶接剂挥发出刺鼻的气味更是令人作呕，难以存身。参试技术人员为完成任务不怕艰苦、不辞辛劳，光着膀子，穿着短裤，弯着腰蹲在壳体内进行操作，五分钟时间就全身汗流如雨，过了十分钟必须换人。经过十多次的轮换才能贴好胶囊，小伙子也都筋疲力尽，有的几近虚脱。在这次轮换操作过程中，经再三要求，我才被允许进去体验了一次生活。晚间同样不好过，原因是我们在浦口江边的工人宿舍内临时借了几张床位，宿舍潮湿，蚊虫又多，又热又咬，难以成眠。勉强睡着，醒来后浑身如雨淋一般，凉席上印了个人体的框框。白天工作裤腰上被汗水一次次浸透，积下一层层白色盐渍，但衣服两天才能换洗一次，大家咬牙坚持着。

第二天就要执行溅落任务了，晚上大家很兴奋，都在琢磨着第二天如何一步一步去试验。天刚一亮，大家都不约而同地起来。20吨的吊车开到南京长江大桥的中央，紧靠在桥边，将外表漆着白色的钢壳模型火箭垂直吊挂在大桥外侧，吊点连接处放置一枚爆炸螺栓，模型壳体内的胶囊充满了气体，防止溅落入水后下沉。打捞船也选定好有利位置准备打捞，摄影机、录像机也各就各位，一切准备妥当。我向南京军区许世友司令员报告，请示开始试验，许司令批准后，我即发出"通电"的口令，电源接通，爆炸螺栓爆炸，白色模型火箭一溜烟地溅落到长江水中。有线测量记录了全部数据，摄像机摄制了所需的镜头，打捞船及时打捞起模型壳体。由于配置不当，有线测量电缆随模型下落时使一位工作人员背部压伤，我的手臂也被擦伤流了少量血。这血的代价是值得的，因为测得的入水最大深度数据，证明模型排完水后再溅落水中是不会砸艇的。但这次试验也暴露了一个重要问题，即模型垂直溅落时水击压力从底部将胶囊击破，水已开始向水舱灌入，因打捞及时，模型弹才未下沉。后来改进设计中加上一个排水堵盖，保护胶囊不被击破。第二次试验，我们又采取水平溅落的方式以考核模型结构强度，试验中连接模型两段的32个连接螺栓全部滑扣，壳体分成两段，因此在后来的设计中在模型的顶部增设了降落伞以保证不会水平状态入水。通过这些试验，暴露了问题，采取了针对措施，使模型火箭的设计更趋完善，据了解利用江桥进行火箭溅落试验在国际上可能还是第一次。有了溅落试验做保证，我们心里更有了底，几个月后，又经中央军委批准，一切按照发射真实火箭的程序进行了模拟火箭弹射试验，一切过程均与设计所预想的一致，试验取得圆满成功。

　　与美国在研制北极星I潜地导弹时先在陆上后到海上弹射模型火箭相比，我们采用潜艇直接从海上发射模型火箭的方式，省去了一个投资巨大的水池，缩短了研制周期，节约了研制经费，大大简化了潜地火箭的研制。

四、第一次海上潜艇水下发射试验

这是一次非常重要的试验，需要动用近百艘舰船，参试人员上万人，新华社要向国际发表禁航公告，海上落区需要定期禁航以免发生意外事故。中央对此非常重视，由国防科工委和海军组织领导小组，张爱萍主任任组长，明确了研制进度，一切为试验做准备的项目必须在1982年9月30日晚12时前完成。这期间相继完成了火箭的总装测试、气密性检查、潜艇改装和火箭的装填，以及最后的综合测试。一切正常，潜艇整装待发。

试验日期确定为1982年10月7日至12日，全体参试人员以及舰艇各就各位，领导同志和指挥人员均聚集在海边山坡上的指挥所内，执行对各方面的联络指挥，潜艇启航驶往预定海区。接近发射时间，潜艇放出浮筏并下潜至要求深度，浮筏上设有无线通信的天线保持和指挥所的通信联系。潜艇继续以步行的速度前进，借此保证艇的稳定和维持艇的要求深度。紧接着就进行诸如火箭平台调平、水下瞄准、数据装订等临射前的准备工作，等待指挥所下达发射的口令。此时浮筏上的灯点亮指示潜艇所在位置，使摄影机和光测站事先对准方向以便拍摄火箭出水雄姿和测定其飞行的弹道。

一切准备就绪，全体人员心情紧张、全神贯注。指挥员下达预令口令后，扬声器中传来艇长倒数的口令："十、九、八、七、六、五、四、三、二、一，发射！"全体目光都定在浮筏灯亮方向的海面上，那是多么"漫长的"三四秒钟啊！突然，一条喷火的蛟龙腾跃出水面，带着庞大的水柱直上云霄，大家的心也随之飞上长空，个个兴高采烈。只听得喇叭中不断地传出令人喜悦的声音："××区发现目标，××站跟踪正常，二级点火，两级分离、头体分离。"每一个信息都扣动着成千上万人的心弦。相隔数百秒钟后，一个振奋人心的捷报像庆典时的礼炮爆发出来了："末区发现目标。"全体人员欢呼雀跃、热泪盈眶，这是多少人、多少年来奋斗拼搏的成就，多少人梦寐以求的结果。飞行试验获得圆满成功！使我国成为能自行研制潜地火箭并掌握水下发射技术的国家。

值得提出的是在这次试验期间，张爱萍主任亲自来试验基地看望了全体参试人员，巡视了每一个工作地点，特别对潜艇干部和参试操作人员差不多逐个地进行交谈，了解思想情况并分别作了针对性动员和提出具体的要求。张主任对待同志平易近人的态度和细致的作风对我教育很深。他看到我的身体比较瘦弱，让我到棒槌岛休息一段时间，因我当时是试验地区技术主要负责人，一时不能离开，直到试验结束后才和张主任等人一起到棒槌岛休息了几天，令我甚为感动。

五、几次惨痛的教训

飞行试验成功了，大家分享着胜利的喜悦。当试验受到挫折时，大家又要忍受着失败的痛苦。虽然我们享受喜悦的次数多，但忍受痛苦的次数也不少。只要我们胜不骄、败不馁，从胜利中总结出经验，从失败中吸取教训，都会产生前进的动力。

一次陆上发射台试验时，由于惯性平台帽盖改厚，没有在地面做充分试验，造成火箭在空中作拐弯时平台框架受阻不能转动。火箭失去基准，姿态无法稳定，上天后飞成S形，大有杂技表演之势，结果在空中安全自毁。这次最重要的收获是惯性安全自毁系统得到了实际考核，只是代价过于昂贵。教训是平台在测试时没有把帽盖盖上模拟实际使用时程序转动的操作，以致这一故障未能在地面发现。这一教训告诉我们：今后在地面进行试验时，一定要尽可能模拟空中飞行的实际情况。

一次海上试验时，火箭出水后姿态异常，失去控制，数秒钟后即在离水面不远处自毁爆炸，火箭炸成无数燃着的碎片洒落在海面上，看来这些碎片沉入海中不会对潜艇的安全造成任何威胁。试验失败了，却解决了火箭在近海面处出水出现故障时要不要自毁的争论。这次故障究竟是什么原因造成的，当时必须迅速查清，因为原因搞不清楚下一发火箭就不能发射，而海上试验禁航日期已通过新华社公告全世界，过期则需另行公告，影响太大。作为总设计师，我当时心急万分，后经总体部及控制所的有关同志共同努力，迅速找到故障的确切原因是一对分离插头座在一、二级尚未分离时提前脱开。技术人员在故障出现不到半天的时间就得出明确的结论，并由我向试验领导小组扩大会议作了报告。大家夸我判断故障明确神速，我向大家宣布这是集体的智慧，而不是我个人的聪敏。当采取相应措施后，第二发也在禁航期内进行试射并取得圆满成功。

六、从海上走向陆地

研制潜地火箭过程中，陆上发射筒试射成功后，我们考虑到如果把发射筒装在公路车上开着跑，岂不成了陆上固体机动运载火箭了吗？把这个设想具体化后向张爱萍主任和其他几位副主任汇报后，得到他们的支持并征得二炮领导同意，当即立项。任务的关键就是要设计一台能运输、起竖和发射火箭的三用车。

地面设备研究所承担三用车研制任务后，立即开展研制工作。为了能通过四级公路和10吨桥梁，对全车重量进行了"斤斤计较"的计算分析，对车辆的选型、发射筒的设计投入很多的人力，花了很长时间，把全车的总重降到最低程度，为验证这样的重量能否通过汽-10桥梁，还特组织了一次跑车试验。为了适应部队使用要求，也曾做了诸如高温、低温、淋雨、大风、穿雾瞄准等一系列环境试验。结果，我们把做过寿命试验、又做过跑车试验的火箭进行飞行试验，取得圆满成功。

用三用车发射火箭时，因车体受力关系，发射筒不允许倾斜，因此发射后重达20公斤的适配器会坠落到发射场上并危及车辆。为此，我们在二院的《新宇报》上刊登出征求解决问题的广告，一星期内就收到70多份不同的方案，经筛选并经答辩后确定了一个最佳方案。经过一年多的攻关试验，终于研制出符合要求的适配器。这次尝试证明，"登报求贤"是个好办法。

三用车发射试验的成功率很高，试验多是一次通过，满足定型要求。

从此，陆上固体机动运载火箭诞生了。它开创了我国第一代真正机动的地地运载火箭，同时也为后续型号打下了技术基础。固体火箭研制成功标志着我国火箭技术又跃上了一个新台阶。

七、一次值得回忆的总师扩大会

那是型号研制工作刚由一院转至二院不久，正当各方面工作顺利进行的时候，内蒙古四院的一级发动机试车时发现摆动喷管的摩擦力矩大大超过了任务书的要求，这项超差会使火箭出水时姿态难以控制。四院的同志对此非常重视，但经过多次改进却无明显的效果，估计短期内难以解决，这样将使各方面的工作长时间停顿下去。在此紧要关头，我们决定召开一次总师扩大会议，这也是第一次总师扩大会。会议由总师办公室组织，邀请了总师系统的成员、领导机关的负责同志、各研制单位的业务骨干参加，共同来研究如何解决这一难题。会议由我主持，首先请各单位介绍各自的工作情况，以便互相了解，使大家掌握全面的情况；再请大家将所接受的任务书指标和工作中已做到的水平及通过努力在近期能达到的水平无保留地互相交底；又询问了设计单位对所提指标究竟留有多少余量。通过这一回合的讨论，已经看到了一线光明，只要大家能把口袋里的余量都掏出来，问题就可以解决一部分。再把指标重新分配一下，指标的余量只留一个，由大家共同掌握，不再层层加码。最后采取分散难点的办法让大家各自多承担一点困难。但是在分散难点中，可能有的单位通过极大努力仍达不到新指标的要求，这就将承担一定的风险。会议上明确指出，这样的风险不由某个单位负责而是共同来承担。会议结束时大家都很满意，因此下一步的工作得以继续进行。

通过这次会议，确实把研制进度大大向前推进了一步，大家对会议很赞赏，并总结了人人乐道的四句话："有问题共同商量，有困难共同克服，有余量共同掌握，有风险共同承担。"这四句话的核心是"共同"两个字，回忆我们在研制固体火箭过程中不知遇到过多少难题，攻克多少难关，没有一件事不是依靠集体来解决的,只不过有时是小集体,有时是大集体,作为总设计师的我,也只是起到集体中一员的作用罢了。

来源:《中国航天 50 年回顾》,国防科学技术工业委员会编,北京航空航天大学出版社 2007 年版。

金句摘抄:

"有问题共同商量,有困难共同克服,有余量共同掌握,有风险共同承担。"这四句话的核心是"共同"两个字,回忆我们在研制固体火箭过程中不知遇到过多少难题,攻克多少难关,没有一件事不是依靠集体来解决的,只不过有时是小集体,有时是大集体,作为总设计师的我,也只是起到集体中一员的作用罢了。

屠守锷

（李世刚、李世东绘）

屠守锷（1917—2012），浙江湖州人。火箭总体设计专家，中国科学院院士。1940年毕业于清华大学航空系。1943年获美国麻省理工学院航空系硕士学位。曾在西南联合大学航空系、北京航空学院任教，曾任国防部五院结构强度研究室主任，国防部五院一分院副院长，航天部总工程师、科技委副主任。长期从事导弹与航天技术的研究与工程实践工作，对导弹研制过程中重大关键技术问题的解决、大型航天工程方案的决策、指挥及组织实施发挥了重要作用。1985年获国家科学技术进步奖特等奖，获1994年度首届求是科技基金会"杰出科学家奖"，1999年被授予"两弹一星功勋奖章"。

我与航天事业

屠守锷

我国的航天事业虽然只有 30 多年的历史，但已为加强国防，提高国威作出了应有的贡献。1967 年由我国自己研制的导弹准确地把原子弹送至预定空域爆炸，向全世界宣布我国已打破了美、苏的核垄断，实际上为打开我国重新进入联合国的大门提供了极有利的条件。1980 年我国向太平洋发射远程运载火箭，并在 20 世纪 80 年代多次成功地回收了近地轨道上的卫星，证明了我国在航天领域已进入世界先进行列。通过出成果，我们培养了一支能攻坚的研制队伍，在国内组织了科研和生产的协作网，为今后攀登航天事业的高峰奠定了基础。

我是在 1957 年 2 月从北京航空学院调到国防部第五研究院的。虽然我以前的专业是飞机结构与强度，但进院时对导弹完全是一个门外汉，只有从头学起，在工作中提高自己的技术和管理水平。

我和大家一起，先在仿制苏联提供的型号中获得有关导弹的启蒙知识，后在自行设计中摸索研制的规律，逐渐从必然王国走向自由王国。

导弹是一个很复杂的武器系统，制作导弹需要合理地综合很多高精技术，才能在规定经费和研制周期的范围内，拿到一个有用的成果。我在 1962 年被任命为战略导弹和运载火箭总体设计部兼任主任后，深感自己的知识面太窄，又没有管理经验，开展工作比较吃力。那时我们自行设计的第一个导弹因为设计方案上有缺陷，在飞行试验时失败了。我们通过重新审定总体方案，建立起总体设计部与各分系统设计部之间的关系，明确分系统应按总体设计部的设计任务书开展工作,而设计任务书是根据总体需要和分系统的可能制定的。总体方案是集中了各方面专家智慧的产物,不是闭门造车造出来的。实际上总体方案在研制过程中,因出现的新问题需要作一些调整,这种调整由总体设计部负责。当把设计系统内部的关系理顺后,工作就比较容易开展了。

为了满足武器系统的指标要求,在制定总体方案时,应合理采用成熟的新技术。这样,在正式开始型号研制之前,要安排先行的研究课题。我们在1965年对液体战略导弹拟订了一个整体规划,选择了技术的发展途径,规定从远程到洲际导弹分四步走。这个规划得到中央专委的批准后,我们按技术途径安排预研课题。一个型号进入飞行试验阶段后,后一个型号就全面铺开工作。这样既保证型号之间在技术上有一定继承性,又可以及时用上已成熟的新技术,使新型号有更好的性能。规划要求用八年时间研制四个型号,如果没有"文化大革命"的干扰,这个要求是可以完成的。

飞行试验的成败,取决于飞行试验之前的工作是否做得彻底。导弹是一个复杂的综合体,哪一个环节不能正常工作,都会使飞行试验失败。为了严格控制质量,我们从选用材料和元器件开始,只让合格的产品进入下一道工序。从总体讲,我们很重视飞行试验之前对导弹进行一系列大型地面试验,确保各系统工作协调,能正确地完成各自的任务。当型号已定型要交付部队时,更要狠抓产品质量,使部队在需要时可以用来完成战斗任务。

航天事业已取得的成就,是在中央有力的领导下,全国大协作的结果,是全体科技人员、工人和管理人员辛勤劳动的结果。我只是这支队伍中的一分子,按分工做了我该做的工作,现在我已退居二线,但我愿意在有生之年,继续为发展我国的航天事业出力。

来源:《中国科学院院刊》1993年第3期。

金句摘抄：

航天事业已取得的成就，是在中央有力的领导下，全国大协作的结果，是全体科技人员、工人和管理人员辛勤劳动的结果。

杨嘉墀

（李世刚、李世东绘）

杨嘉墀（1919—2006），江苏吴江人。卫星和自动控制专家，中国科学院院士。1941年毕业于交通大学，1949年获美国哈佛大学博士学位。曾任中国科学院自动化研究所研究员、副所长，北京控制工程研究所副所长、所长，中国空间技术研究院副院长。长期致力于我国自动化科学技术和航天事业的发展。先后主持火箭和核试验用的仪器和控制系统开发工作，领导和参加包括我国第一颗人造地球卫星在内的多种卫星总体和自动控制系统的研制，多次参与我国空间计划方案论证工作。1985年获国家科学技术进步奖特等奖，1995年获陈嘉庚信息科学奖，获1999年度何梁何利基金科学与技术进步奖，1999年被授予"两弹一星功勋奖章"。

难忘"两弹一星"

杨嘉墀

回顾历史是为了不要忘记过去,回顾历史更是为了创造未来。对于当年参加"两弹一星"研制工作的科学家们自强自立、团结协作,为发展我国高科技事业而拼搏的精神,不仅我们不能忘记,子子孙孙不要忘记,而且还应成为今天激励青年人努力建设社会主义现代化强国的动力。

回忆起几十年前我在中国科学院参加"两弹一星"工作的经历,至今令人难忘。

一

1956年,我从美国留学回来,当时正赶上国家制定了十二年科学技术发展规划,并提出了落实规划的"四项紧急措施",就是指最紧急要抓的四个领域或叫四个方面:一个是电子学、一个是半导体、一个是自动化,还有一个是计算机。当时,国家对落实"四项紧急措施"很重视,集中了全国可以集中的科技力量,包括一部分刚从国外回来的人。我便是作为国内外的专家、学者参与了筹建中国科学院自动化所、建立自动化技术工具研究室的工作,并担任室主任,与其他一些相应的研究机构一道,率先开展了火箭探空特殊仪表等方面的探索性研究工作。

当1957年10月和1958年1月,苏、美分别发射的人造地球卫星相继上天之后,1958年5月1日,毛主席在中国共产党八大二次会议上发出了"我们也要搞人造卫星"的号召。中国科学院考虑到开展人造地球卫星工作对未来科学技术发展的重大影响，提出了把开展人造地球卫星工作，列为中国科学院1958年第一项重大任务。于是，在1958年7月到8月间，中国科学院成立了"581"组，专门研究卫星问题。组长是钱学森，副组长是赵九章，成员有院内外十多位专家，我参加了这个组。为了向国庆献礼，我们在两个月内完成了两种火箭箭头的模型，并在中关村搞展览，毛主席等党和国家领导人都来参观，影响很大，遗憾的是我当时正在苏联考察。

1958年10月中，我参加了中国科学院组织的大气物理代表团去苏联考察，团长是赵九章，成员有卫一清、钱骥等。我记得是一个星期二动身去苏联的，因两天前张劲夫同志来所里，他说，说走就走，今天是星期日，后天就走。

在苏期间，我们参观了一些科研单位，看到一些高空探测仪器及科技展览馆展出的卫星模型，但由于对方保密，负责接待的人说，参观卫星设备要赫鲁晓夫批准，所以一直拖延时间，以致我们在苏联待了两个半月仅考察了一些天文、电离层、地面观测站等，未能参观到他们的卫星研制部门及有关的地面试验设备。

回国后，代表团在总结中认为，发射人造地球卫星我国尚未具备条件，应根据我们的实际情况，先从火箭探空搞起。代表团的这一建议正符合当时中央关于卫星工作的指示精神。由此，中国科学院提出了"大腿变小腿，卫星变探空"的任务调整部署。

这段时间，中国科学院的科技人员，在老一辈科学家钱学森、赵九章、郭永怀、陆元九等人的率领与指导下，艰苦创业，在几乎完全空白的基础上，从建立学科、实验设备建设、测试技术配套，到科技干部的培养等各个方面，做了大量的工作，从而为我国火箭导弹技术的发展，奠定了坚实的基础。

国家度过经济困难时期后，60年代中期我国的卫星计划重新启动。1965年中央专委第十二次会议批准了国防科委关于制订人造卫星发展规划的报告。中国科学院于5月、6月组织召开了一系列规划论证会议，7

月 1 日上报了关于发展我国人造卫星工作的规划方案建议，我当时参与了京内外研究人员组成的规划组的工作。规划中建议我国十年内着重发展应用卫星系列。中央专委第十三次会议原则上批准了中国科学院起草的规划方案建议，并决定第一颗人造卫星争取在 1970 年左右发射。中国科学院为了落实上述批示，1965 年 8 月 17 日确定了有关组织及领导。

领导小组——由 12 人组成，总体设计组——由赵九章等 11 人组成，陆绶观担任办公室主任。

经过几个月的工作，总体设计组提出了我国第一颗人造卫星的总体设想方案。1965 年 10 月 20 日，由中国科学院主持召开了全国性的方案论证会，这个被称为"651"的会议在老的科学会堂共开了 42 天，这也是一个创纪录的长会议，对涉及卫星的大总体和卫星本体的多个问题都作了深入而且广泛的探讨。经大家集思广益，解决了由红外地平仪与两个二自由度陀螺相结合的姿态测量问题，由大小推力器相结合的冷氮气喷气推进系统的参数选择问题和返回前姿态调整的方案，并利用所内已有的电子模拟计算机进行了数学仿真和优化设计，于 1970 年 3 月进行了半物理仿真试验，取得了满意的试验结果。

当年参加第一颗人造地球卫星的相关部分的主要人员有 8 位专家。

二

我国人民，特别是中国广大科研人员依靠自己的力量发展尖端技术的精神确实是值得赞扬的。"581"任务的启动，带动了一批特殊测试仪器的研制工作，为日后原子弹和导弹研制中测试设备的开发打下了技术基础。

60 年代初期，在中国科学院新技术局的部署下，自动化所又承担了几项国防任务。1962—1964 年间，我们接受了国防科委 21 号任务，负责核弹试验用几项测试仪器的研制。1963 年 1 月，国防科委领导给我们传达了毛主席、党中央关于要进行我国首次核试验的决定，并要求我们在 1964 年 6 月以前完成各项准备工作。时间很紧，压力很大，任务也很重。

当时，我已担任了中国科学院自动化研究所的副所长，在核弹试验用测试仪器研制工作中，自动化所具体承担着三项任务。一个是火球温度和亮度测量仪器，由廖炯生和肖功弼负责。大家知道，原子弹爆炸时有一个很亮的大火球，我们研制的仪器就是判断、测量爆炸时原子弹产生的能量，因为爆炸时的亮度范围很宽，光闪得又很快，国内没有这样的测试仪器和设备，我们就在已有的工作基础上，与北京师范大学天文系合作，利用太阳光的能量做试验。

另外，接受任务后，国防科委领导一再向我们强调：准确地测定火球温度，对确定核爆当量及光辐射破坏效应有着决定性意义，这更增强了我们的责任感。为了确保任务的完成，所里有关的科研人员积极参加课题组的方案讨论和技术攻关工作，还请来所外的有关专家共同确定方案。在研制工作的关键阶段，裴丽生副院长每月要听我们一次工作汇报，并当场指定有关部门帮助解决工作中的困难。强烈的责任感和事业心促使我们夜以继日地工作，大家积极性都很高，也没有任何怨言，平日里没有星期天，没有休息日，1964年春节也只休息了一天，初二大家便来到所里工作。

1964年4月，仪器研制工作已经完成。为了实际检验仪器的精度，我们通过国家科委到国家计量局借到了从苏联引进的、国内唯一的量程达10000K温度基准的计量仪器（目视消丝式光学高温计）。用我们研制的仪器和借来的温度基准同时测量太阳的温度，误差在±15度，这个差值是在温度基准的误差范围以内的，动态反应时间小于1毫秒。

1964年5月，经国防科委组织专家验收，仪器的各项指标均已达到或超过任务要求，顺利地通过了验收。

1964年6月，两位同志将我们研制好的两台仪器安全护送到核试验场。参加测试仪器研制工作的科技人员在西北的试验场艰苦地生活了近半年，直到1964年10月16日下午3时成功地进行了我国首次核试验，这一任务才算告一段落。

当我们研制的两台仪器都成功地测得火球的温度时，那种从心底发出来的成功的喜悦，令每一位参与这项工作的人终生难忘！

接下来，在 1965 年到 1968 年间，我们又完成了"火球光电光谱仪"及"地下核试验火球超高温测量仪"的研制工作，并成功地应用于我国首枚氢弹试验和首次地下核试验。

自动化所承担的另一项核弹试验用测试仪器研制任务是关于冲击波压力测量，参加研制工作的全体同志齐心协力，积极与有关兄弟单位合作，使有关冲击波压力测量和地面振动测量的仪器研制任务也圆满、顺利地得以完成。

1985 年，"原子弹和氢弹的突破与武器化"的科研成果荣获国家科学技术进步奖特等奖。中国科学院自动化所承担的"核爆试验检测技术及设备"作为分项目也同时获奖。这是国家给予我们的荣誉，这些成果再次说明，中国人民完全可以依靠自己的力量发展尖端技术，我们拥有不容低估的科技开发实力。

三

新中国成立初期到 20 世纪 60 年代初期，中国科学院参与"两弹一星"的研制工作基本是交叉进行的。

1961 年初，我们接受了"151 工程"任务。

"151 工程"是在地面上模拟超声速飞行器在飞行过程中气动加热、加载环境的试验设备。该设备将用于装备高速飞行器热应力试验室。工程系统设备可以实施单独加温、加载，联合加温、加载，其多点测量系统可以记录飞行器结构以及在给定程序温度、程序载荷条件下的应变、温度、变形过程。

1961 年初，国防部五院向中国科学院提出了一系列有关火箭导弹的大型综合性任务，其中就包括"151 工程"。这项工程经国防科委批准，委托中国科学院自动化所承担，实际上就是大型热应力试验设备的研制任务。

任务下达之后，我们就做了具体安排，对各项工作进行了分工。当时，由我兼任总体工作，叶正明同志任业务负责人，并组成了以中国科学院自动化研究所为主，五院一分院（七机部 702 所）10 余人参加的、约 60 余人的研制队伍。另外，参加研制工作的协作单位还有：中国科学院的其他四个研究所以及一机部上海机床厂等单位。

经过研究，中国科学院自动化所提出，"151工程"分3个系统研制，即加热系统、加载系统和测量系统。

3个系统样机的研制工作于1965年初得以完成，并于同年下半年在七机部702所由国防科委组织全国有关热应力试验设备的专家进行了鉴定。专家们一致认为，鉴定结果表明，就国内现有情况看，此3套系统均有较高水平，满足了协议书中的指标要求，可将此设备交七机部702所试用。702所运用这些设备，对导弹弹头、尾翼，以及歼8高速飞机的结构，进行了地面试验，取得了预期的结果。

改革开放后，七机部702所对其中的电子设备进行了更新，但其中由自动化所研制的系统结构、系统调试方法，仍是沿用的。另外，三机部12所在1968年左右，曾参照自动化所研制的样机，加工了若干套，装备了他们的热应力试验室。

"151工程"是在没有任何国外技术资料的情况下，完全靠我们自己的力量，用国产的元件、器材自行研制成功的。虽然当时我国的基础较差，尤其是工业基础较差，但好在我们有前面"581"任务的经验，有与中科院研究所合作进行风洞试验的基础，用我们在理论上的高水平弥补了工业基础较差的不足。

在测量系统中，我们突破了弱信号模拟数字转换器的技术难关；在加载系统中，又拿下了液压伺服机构等关键技术；在控制方面，我们克服了加热系统的信号变化剧烈的困难，采用复合控制使误差减少，当时在国内技术处于领先地位。时至今日，热应力试验设备对火箭、导弹卫星、高速飞机，仍是不可缺少的地面试验工具。可以说"151工程"在当时是填补热应力试验这一国内空白，而现在仍对军工任务延续有用的一项任务。

我作为"151工程"任务的总体负责人，对各个具体项目同样负有责任。对于每一个重要试验，我都要亲自参与。对于重要的技术问题，经常提供一些资料，及时提出自己的意见，供大家参考，与大家广泛沟通，并发挥每个人的智慧，为"151工程"任务的完成提供了保证。

所领导对这项任务也很关心，鼓励大家安心军工任务，努力拼搏，把自己的才华贡献给国家。科学院领导对这项任务也非常关心，当时主管的秦力生副秘书长不但要定期听我们的工作任务汇报，而且还随时进行一些鼓励性的讲话。就连日常事务非常繁忙的张劲夫副院长在"151工程"的研制设备要移交到七机部702所的前夕（1965年7月）也来到自动化所，观看了全部设备的演示。

由于各级领导的关心，"151工程"从1961年3月起到1965年9月止，历时四年半。其中，所有参加研制工作的科研人员还共同经历了三年自然灾害的困难时期，大家并没有因为暂时困难而出现任何的松懈情绪。

"151工程"是一项硬任务，不允许有半点差错，"151工程"又是一项综合性的任务，需要自动化学科的各种专业人才，这些专业人才在完成任务中得到的知识积累和技术经验，可以用于以后参加的同类学科研究和相近的课题中，有的可以延伸，并可促进这一学科的向前发展。

回顾当年参与"两弹一星"工作的日日夜夜，往事历历在目。"两弹一星"任务的完成，不仅显示出在发展高尖端科学技术方面我们所具备的能力、水平，同时，也反映出我们所具有的自强、自力，团结协作，吃苦耐劳的奋斗精神。"两弹一星"任务的完成，不仅培养了人才，锻炼了人，还带动了相应学科的发展。

来源：《请历史记住他们——中国科学家与"两弹一星"》，科学时报社编，暨南大学出版社1999年版。

金句摘抄：

"两弹一星"任务的完成，不仅显示出在发展高尖端科学技术方面我们所具备的能力、水平，同时，也反映出我们所具有的自强、自力，团结协作，吃苦耐劳的奋斗精神。

陈能宽

（李世刚、李世东绘）

陈能宽（1923—2016），湖南慈利人。金属物理学、材料科学、工程物理学家。中国科学院院士。1946年毕业于唐山交通大学矿冶系。1950年获美国耶鲁大学博士学位。曾任中国科学院应用物理研究所、金属所研究员、二机部核武器研究所爆轰物理研究部主任，二机部九院副院长，中国工程物理研究院高级顾问。长期从事金属物理和材料科学方面研究工作，解决了一系列有实际应用价值的理论和实际问题。在我国原子弹、氢弹研制中从事爆轰物理、炸药工艺与炸药物理化学等领域的研究和组织领导工作，作出重要贡献。1985年获国家科学技术进步奖特等奖，获1996年度何梁何利基金科学与技术进步奖，1999年被授予"两弹一星功勋奖章"。

中国研制原子弹给我们的启示[1]

陈能宽

我生长在湖南西部山区，实在是个乡下人。说乡下人，我不是骄傲，也不是自贬，而只是提醒自己：乡下人照例有根深蒂固的乡巴佬的性情。保守，对一切事照例十分认真，这认真处有时就不免成为"傻头傻脑"。我记得，我们湘西文学家沈从文早就说过这样的话。我的朋友说我有"书呆子气"。我认为那是对的，不是褒，也不是贬。我在小学时就是这样，不足为奇，在中学和大学时，还是这样。这点气质对于学习科学倒不太坏，但当我从国外留学回国后，朋友多次问我，你为什么不会跳舞，我只有解嘲：土包子，乡巴佬，有机会再学吧！

慈利是我的家乡，有秀丽的山山水水和勤劳淳朴的人民。谁人不说家乡好呢？因为"土俗淳慈，得物产利"，慈利因而得名。而我家江垭，到索溪峪国家自然保护区不过40千米，到张家界国家森林公园不过70千米，到武陵源、桃花源，也都是可望也可即。每忆及故土，不管自己东奔西走于何地何方，都能一念就到，心向往之。记得小时候，我最喜欢在河里游泳，不怕水深流速。长大后，即使有机会在国外的大海里游泳，也总忘不了家乡的河水清澈，风味独特。

1964年10月16日，我国爆炸了第一颗原子弹。全世界为之震惊，海内外炎黄子孙为之欢呼。我在现场参加试验，亲眼看到伴随着春雷般的

---

[1] 标题为编者所拟。

响声和急剧升腾的蘑菇云，参试人员纵情鼓掌，热泪盈眶。我过去翻阅过原子弹爆炸的图片，在实际感触到这样盖世的声色时，还是竟情不自禁拿出怀中的笔记本，记下"东方巨响"几个字和一句话的感想："神州日月增光"。当时的感情是朴素的。我现在回想，这一举世瞩目的事件究竟给了我什么启示呢？有一段时间曾听人说，"国防科研花了那么多钱，没有搞出什么东西"。似乎中国有没有一点原子弹，关系不大，"它不能吃，不能穿，不能用，还拖了国民经济的后腿"。这些话倒促使我在回忆过去时，不能只是抒发怀旧之情，而要思考更多的问题了。

中国为什么下决心搞原子弹？

我认为最根本的理由是中国国家利益，特别是国家安全利益的需要。虽然新中国政治上站起来了，但军事上还受人欺侮，经济上被人封锁，外交上不被某些大国承认，甚至有人以核讹诈威胁我们，形势是异常严峻的。为了自立于世界民族之林，我们被迫下决心解决原子弹的有无问题。

值得提到的是一些老一辈科学家的献身精神和光辉榜样。他们大多是从事基础研究的，很有造诣，世界知名。如果完全从个人兴趣选择出发，研制武器的吸引力就不一定处于首位。但是，他们毅然决然以身许国，把国家安全利益视为最高价值标准。这更是国家决策深得民心的历史见证。

中国为什么能很快地搞出原子弹？

我个人体会和认识：一是目标选择对了。也就是国家的需要和实际的可能性结合得非常好。说需要，中国需要和平，但和平不能没有武器。说可能，美、苏、英、法先走了一步，证明原子弹的"可行性"已经解决。我国卓有远见的领导人同德才兼备的科技专家相结合制订的发展科学技术和研制核武器规划，加上已探明的铀矿资源。人才的准备以及一定的工业与技术基础，都表明我们完全有可能很快搞出原子弹。

二是组织领导集中。当时各级领导都具有权威，事事有人"拍板"。中央专委以周恩来为首，更是一个具有高度权威的权力机构。全国为此事"开绿灯"，全国"一盘棋"。

三是自力更生为主。原子弹的研制技术高度保密，所以掌握技术诀窍，必须靠自力更生。我们自力更生的方式是非常生动活泼的。我们理论与实际相结合，一步一个脚印，对国外走过的路力求知其然，且知其所以然，因而敢于攻关探险，能够少走弯路。我们注意在基础预研、单项技术和元件上下功夫，所以能够做出自己的发明创造来，而所花的人力、物力比国外却少很多。

四是全国大力协同。毛泽东为了推动原子弹的研制工作，亲笔写过一句话："要大力协同做好这件工作。"当时，全国各个单位都以承担国防任务为荣，努力协同作战。例如，我们用的高速转镜相机和高能炸药，就是中国科学院等单位协同完成的。诸如此类例子很多。

此外，还应提到，我们的科研组织没有"内耗"，攻关人员有献身精神和集体主义精神。我们的理论、实验、设计和生产四个部门的结合是成功的，有效地体现了不同学科、不同专业和任务的结合。当时人们的献身精神和集体主义精神十分突出。他们夜以继日地奋战在草原、在山沟、在戈壁滩。即使在城市，也过着淡泊明志、为国分忧的研究生活。事实证明，为了很快地搞好尖端科研与大型经济建设，必须提倡集体主义精神。

中国搞出来原子弹究竟有什么效益？

我同意并认为：原子弹确实是一种能用但用不得、确有国家安全后效但不应多搞的"特殊商品"。这些后效可以概括为：

第一，军事上不怕核讹诈了。中国原子弹起到了遏制大国核威胁的作用，哪怕只有一颗原子弹，也不应该小看这一点东西的所谓"非线性"威慑效应所起到的自卫作用。所以，我国原子弹的研制成功对和平的贡献是不可低估的。

第二，外交上更加独立自主了。时至今天，世界形势发生了很大变化，转为缓和，开始以对话代替对抗，同时也进入了裁军和核禁试的征途，尖端技术走上了外交舞台。四川成都武侯祠前有一副对联，上面有一句话："从古知兵非好战"，我从它联想到，执行独立自主和平外交的中国，是不可不"知兵"的。

第三，国际地位提高了。泱泱中华不再被排挤在联合国大门之外，就是明证。中华民族也更加自信、自尊、自豪了；并且能够在安定、和平的环境中从事社会主义建设。在这"桃符万户更新"的时候，全国各族人民是不会忘记"爆竹一声除旧"的。

我感到，今天还要强调两点"后效"：一是由于早先掌握了世界前沿的尖端技术，在新的历史时期，它使国防科技在转变到为国家整个四化服务时具有优势。这里当然包括核能、核技术的和平应用。

另外，它还使中国对于70年代以来兴起的世界新技术革命，以至最近更加引人注目的高技术竞争，在若干方面有了一个较高的跟踪起点。今后国防的根本出路，应放在提高国防科学技术水平上。国防科技水平的提高同国家科学技术整体水平的提高是不可分割的。

最后一点是培养一支精干队伍，他们是宝贵的国家财富，是无名英雄。

上述"后效"联在一起，加上第一颗原子弹成功以后的第二步棋和第三步棋的成功，我相信能够充分回答某些同志的功过评说。对于国防科技工业战线所取得的重大成就，党中央、国务院、中央军委多次给予高度评价。我个人有幸和国家需要的这项工作联系在一起，虽然只是沧海一粟，但也聊以自慰。

我希望国家和社会要继续理解、关心和支持这支精干的队伍，充分发挥这支队伍潜在的"光"和"热"。这样做，可以稳定、巩固和培养人才，对国防和国家未来的科技事业均具有长远的意义。

来源：《中国科学院院士自述》，中国科学院学部联合办公室编，上海教育出版社1996年版。

金句摘抄：

我们的科研组织没有"内耗"，攻关人员有献身精神和集体主义精神。我们的理论、实验、设计和生产四个部门的结合是成功的,有效地体现了不同学科、不同专业和任务的结合。……事实证明,为了很快地搞好尖端科研与大型经济建设,必须提倡集体主义精神。

叶培建

（李世刚、李世东绘）

叶培建（1945— ），江苏泰兴人。空间飞行器总体、信息处理专家，中国科学院院士。1967年毕业于浙江大学无线电系，1985年获瑞士纳沙泰尔大学博士学位。中国空间技术研究院研究员。主要从事卫星总体设计和信息处理研究，曾任嫦娥一号总设计师兼总指挥，嫦娥三号探测器系统首席科学家，嫦娥二号、嫦娥四号、嫦娥五号试验器总指挥、总设计师顾问，为我国首次绕月探测工程的成功作出了重大贡献。获2002年度国家科学技术进步奖一等奖，获2009年度国家科学技术进步奖特等奖，2019年被授予"人民科学家"国家荣誉称号。

"嫦娥一号"与四大精神

叶培建

一、爱国主义精神

爱国主义精神是什么？我觉得爱国是最起码的，也是最重要的。

我是改革开放以后1978年第一批研究生，然后准备出国去瑞士留学。去瑞士前在北京语言学院集训，当时的教育部有个年纪大的副部长给我们讲话，他有一段话，我终生难忘。

当时我的工资是每月46元，一般的工人是每月30多元。我去瑞士留学，国家每个月要给我七百瑞士法郎。当时的瑞士法郎兑换人民币几乎是一比一。这位部长说，你们好好想一想，全国十亿人，有多少人能够上大学？有多少人出国留学？你们一个人一个月，路费什么的都不算光生活费要七百法郎，要有20个工人在辛勤地劳动才能供得起你一个人。你们是站在多少人的肩膀上在国外学习，你们就知道自己的担子有多重！这段话非常朴素，但是我记了一辈子。我在国外学习的时候，总是记着这段话。后来有家瑞士的报纸采访我的时候说，你怎么从来不去咖啡厅，从来不去看电影啊？我说，我就记住这段话。我们出来的很不容易，国家等着我们回去呢。所以，在我回国的时候和回来以后，包括现在，也包括今天上午，总是有记者问这个问题，说，瑞士条件那么好——瑞士，是世界花园啊，我在那儿拿七百法郎一个月生活费，当时一个助教就可以拿到八千法郎啦，你为什么回来？你是怎么斗争的？我说，这个问题问得有点俗，我没有斗争，我真的没有斗争。我从来就没有想过要留在那儿。我是五月份做完博士论文答辩，在瑞士论文答辩要两次，后来七月份又做了一次公众答辩，面向整个社会的，我八月份就回国了，因此，我没有斗争。

我五年一学完，做完博士论文，马上就回来了。当时有一句流行的话，就是国外好，但是金屋、银屋，不如我的茅草屋，茅草屋是我自己的家。我这里不想批判什么人，我们有很多留学生在国外，现在或将来也有很多同学要出去。我主张大家有机会出去走走，学一点先进的东西，但是有一种观点我很不赞同：如有的人不回来说，是因为国内太穷，如回来的话，可能我想做的实验室也没有，住房也很小，等等，说的都是事实。但我想：我们国家是穷，虽然现在比我们那时候好多啦，但现在同样存在这个问题。可能，你要是从国外回来，你会感到，住房比较小，不能马上开上一辆车，试验条件也不好，怎么来改变这个状况？难道国家花了那么大的力量，送你出去学习了，然后你说，国家困难，条件不好，我先待在美国，等到别人建设好了我再回来？首先，无论哪一天回来参加建设，都是值得欢迎的。但是我个人认为，作为一个有真心的人，你是这个国家的一员，这个民族的一员，难道等别人把条件创造好了，你才来干吗？你为什么不来改变这种状况呢！我们有很多同志是这么做的，我认为，这就是爱国主义精神。有了这种爱国主义精神，人的根就能扎得比较深；心呢，就能够稳。

二、积极向上的精神

除了爱国主义精神，这支团队必须还有积极向上的精神。目前社会处在一个大转型时期，应该讲，这是一个好事，但是，同样应该看到，还有另外一个方面：诱惑很多。当时我们大学毕业分配，分到哪里就到哪里。社会发展到现在，外面的世界很精彩，机会很多，人们可以双向选择；再加上现在许多年轻人又都是独生子女，家庭生活条件很好，处于一种比较优越的环境，尤其在浙江，在宁波地区，经济比较发达，生活水平也比较高，这一方面是提供了一个很好的条件，使我们学到了很多东西。但另一方面我们也要看到，有很多负面的影响。由于这些负面的影响，就可能使我们一些青年同志认识上产生偏差，因为我们也是生活在社会之中，我们也要每天接触外面的世界，因此怎么让我们这支团队始终保持一个积极向上的精神，就成为我们这些老同志一个重要的工作任务。所幸的是，我们这支队伍确确实实保持了一个积极向上的精神。我想，一个积极向上的精神其实很简单：锁定一个目标。锁定一个目标以后，就要不懈地努力去做它，对外面的任何诱惑视而不见。

三、团队精神

团队团队，必须要有团队精神。人是社会的人，但是，人是离不开集体的。一个伟大的事业是要靠集体来完成的；个人努力是其中很小的一部分。一个团队搞好了，我们的事业才能搞好。尤其是我们航天，它是个系统工程。我们要完成"嫦娥一号"，要有卫星系统、火箭系统、发射场系统、测控系统、应用系统等。今天早上一个记者问，说你们有多少人？我说，回答不上来。说大了，千百万人，因为我们的很多工作是要靠全国人民来做的。说小了，核心当然不多。我们一个卫星，分十一个分系统，结构、热控、自导导航控制、供配电、测控、有效载荷、总体等，缺了哪一个分系统，卫星都搞不成。卫星上有四百多台仪器，七万多个元器件，32台计算机。任何一个东西出了问题，卫星就要完蛋。因此我们搞航天的人有一个非常正确的算法：100-1=0。如果说我们已经完成了"绝大部分"任务，"基本"很好，在我们这儿，这句话是没有用的。一百件事情里，有一件没有完成，整个工作就是等于零。那么，我们有了团队精神，才能够去把每一件事情做好。每一件事情都要做好，靠哪个人都不行，就要靠一种"团队"。因此，我们中国空间技术（研究）院，提炼了一个我们自己的文化，叫作要用生命来铸造辉煌！那不是说用工作来铸造而要用"生命"来铸造辉煌。因为事实证明：你没有这么一种精神，你是铸就不了一个辉煌的工作的。

四、奉献精神

最后谈一下要有奉献精神。奉献，从小事做起。我觉得每一个人，将来可能都会做很大的事情，但是，一定要有个踏实苦干的精神。社会发展很快，有许多良好的机遇和环境，能够造就各种人才。但是，各种人才的成长绝不是说一天两天就行的，都是要通过一个长期的积累。要做到安心从小事做起，踏实苦干。这样的例子很多，惠普公司那么有名，两个人就是从车库开始做起的。现在，我观察到有这么一种现象，很多人愿意一上来就做大事，不愿意做小事。很多人，也包括在我们单位，愿意做点研究性的事情，不愿意去做一些操作的事情。很多人愿意在上层机关做一些管理的事情和指挥别人的事情，不愿意在基层得到磨炼。还有很多人愿意三天两头要做个新东西，不愿意去做重复性的事情。也有不少的人干了没几天，职务没有得到提升，薪水没得到增加，就满腹牢骚，就要跳槽，我觉得这都不可取。我认为，要安心做一些小事，要安心在基层做，安心做些操作性的事情，要沉下去。我给我的研究生、博士生上课，首先跟他们讲，到我们航天来，要有这么一种精神，要沉得下去。沉多少时间呢？三五年、七八年，好好地磨炼自己，从小事做起，锻炼自己，培养自己，从这些小事情、基层的事情、操作的事情当中来吸取各种知识，来培养和熏陶航天人的一种文化。这样你才能在工作当中体现自己的才干，一步一步地去从一个普通的设计师，做到主管设计师，做到副主任设计师，做到主任设计师，不是一上来，你就可以做的。我说我的这个副总设计师30多岁，很年轻，但是他也是一步步走过来的，是踏踏实实在那儿干的。只有踏踏实实地做许多小事情，沉下心来，甘于做这些事情，积累起来，你才能被人们所公认。是金子，早晚要闪光。你没有七八年的沉淀，干了三年，不满意，跳单位，重新开始，别人还是不认识你，再跳一个单位，两年一跳，你年龄也不行了。如果你安安心心地做一件事情，在当中，你越积越厚，到了一定时候，你就能够跨越，你的才能就会被大家所公认，就可以委于你重任，就可以挑起重担，我们航天就是这么培养人的。

来源：《宁波大学学报（人文科学版）》2008年第6期，有删节。

······

金句摘抄：

一个伟大的事业是要靠集体来完成的；个人努力是其中很小的一部分。一个团队搞好了，我们的事业才能搞好。

育人篇

叶笃正

(李世刚、李世东绘)

叶笃正（1916—2013），籍贯安徽安庆，出生于天津。气象学家，中国科学院院士。1940年毕业于西南联合大学，1943年获浙江大学硕士学位，1948年获美国芝加哥大学博士学位，曾任中国科学院地球物理研究所研究员、中国科学院大气物理研究所所长，中国科学院副院长，中国气象学会理事长。开创了青藏高原气象学，创立了大气长波能量频散理论、大气运动的适应尺度理论和东亚大气环流和季节突变理论，开拓全球气候变化科学新领域。获1987年国家自然科学奖一等奖、1995年度陈嘉庚奖、1995年度何梁何利基金科技成就奖、2005年度国家最高科技奖。

怀念我的老师赵九章先生

叶笃正

今年是我国著名的大气物理和地球物理学家赵九章先生逝世 21 周年。他的一生是为我国气象学和地球物理学发展做出重大贡献的一生。他的逝世是我国科学界一个极大的损失。在庆祝科学院建院 40 周年的日子里，我们无比怀念他。

赵九章生于 1907 年 10 月 15 日。浙江吴兴县人。1933 年毕业于清华大学物理系，1938 年获德国柏林大学气象学博士学位。1939 年回国后，曾任西南联大教授，中央研究院气象研究所所长。新中国成立后，任中国科学院地球物理研究所所长，1955 年被推选为中国科学院地学部委员，还当选为中国气象学会理事长和中国地球物理学会理事长。

一

1928 年，我国著名气候学家和地理学家竺可桢在中央研究院内创立气象研究所，开拓了我国近代气象学。但 30 年代中期以前，我国气象学基本上属于地理学范畴，描述性的工作占绝大多数。我国真正把数学和物理学引入到气象学，解决气象问题的第一篇论文当属他[①]的《信风带主流间的热力学》，该文用求解数学物理方程方法，讨论了信风带的水汽和

---

① 编者注："他"指赵九章。

热量问题。此后他便不断地把数学和物理学方法引入到气象学中来。如1943年他发表的讨论摩擦层中风随高度变化规律的论文，1947年发表的关于大气长波不稳定的理论等。他尽全力把中国气象学引到数理的道路上去，更不遗余力地引导他的后辈青年沿这个方向发展。譬如他和学生顾震潮合作的《蒸发方程及其新解》，以及在他指导下朱岗昆发表的《东亚的大型涡能运动》等论文，都说明了这个问题。

竺可桢在1945年4月5日评价赵九章出任气象研究所所长时说："九章到所十月，对于所行政大事改进……研究指导有方，且物理为气象之基本训练，日后进步非从物理着手不行，故赵代所长主持，将来希望自无限量。"对赵九章的工作和他引导气象学走数理的道路作了很好的评价。[①]

他非常注意国际上的学术动向。30年代后期在气象学研究上刚出现等熵分析时，他就指定学生在这方面做毕业论文。极其重要的Rossby长波理论就是在30年代末40年代初问世的。40年代中期他对大气长波进行了研究，并把这个重要理论引进到中国气象界。全国解放不久，在当时非常艰难的情况下，他就组织人员千方百计地在地球所内绘制成我国第一张北半球天气图。从此我国真正开始了高空气象学研究，并使我国的天气演变和遥远的其他地区联系了起来。计算机的出现，使传统的天气预报方法逐渐让位于有数理根据的数值天气预报，这个苗头是50年代出现的。当时我国虽然还没有计算机，但他看到这个生长点，就支持顾震潮进行这方面的研究，并开办了培训班，我国的数值预报就是从此开展起来的。此外，我国现在仅有的两个臭氧测站也是他一手扶植起来的。从现有国际O_3观测标样看，这两个站的O_3观测质量非常好。长期以来，人类总希望能控制或影响天气。50年代中期国际上人工降水盛行一时。1958年8月，由于抗旱需要，吉林省进行了人工降水试验。受此启发，在他的倡导和支持下，由顾震潮领导一些科技人员，在当时的地球物理所开展了云雾物理

[①] 编者注：赵九章于1944年1月出任中央研究院气象研究所代所长，1947年任该所所长。

和人工影响天气的研究，并在高山建立云雾观测站。他和当时的气象局局长、著名的气象学家涂长望一起曾亲登黄山实地考察了云雾观测工作。在他们的倡导和支持下，我国的云雾物理研究蓬勃地开展了起来。随之我国的雷电研究工作以及其他各项大气物理观测试验研究也都先后在当时的地球所得到了发展。

1956年在参加我国十二年科学远景规划工作时，他曾这样说过："从现代化的科学发展看来，气象学是一门边缘科学。它一方面联系着当地具体地理条件，有它的地域特点；另一方面，则遵循着物理变化法则，而与数理科学有共同性。因此进一步揭露现代化气象现象的本质，必须广泛积累天气和气候的观测事实，利用现代新技术，更深入掌握大气物理现象的变化过程，运用现代科学的成就，进行分析研究，通过各学科之间的相互渗透……促进气象学的发展。"这个论述是深刻的，指出的方向是极为正确的。不仅适用于气象学，对于其他地球科学也同样适用。他也确实把这个方针用于发展地球科学其他分支。他领导下的地球物理所就是这样做的。当时在地球所工作过的人还都记得，50年代中期，他为了在地球所贯彻数学化、物理化和新技术化的方向，曾在地球所举行了论证会，经过论证才把这个方向定了下来。当时地球所党委书记兼副所长卫一清（已故）对此也给予了大力支持。

赵九章是一个看重理论联系实际的科学家。学以致用的思想早在他1937年的一篇论文中就阐述得很清楚。他写道："理论气象学的最后目的，不外利用物理之定理，以现在观测所得气象要素之分布为出发点。推测未来此种要素之变化，因而预报一短时期或长时期之天气。"高度爱国和学以致用的思想，促使他在1950年主动与当时军委气象局局长涂长望协商，合作组织了"联合天气分析预报中心"和"联合资料中心"。他毫无保留地把地球所大部分优秀气象研究人员派往这两个组织参加领导和实际工作。在"联合天气分析预报中心"里大量引进现代化气象理论，并大批培训人员，在此基础上发展成我国现代化的预报台；"联合资料中心"也发展为气象局的资料室。这项合作为我国天气预报的发展做出了极大的贡献。

二

在赵九章的领导下，60年代中期，地球所已发展为千人以上的大所。除气象得到了应有的发展外，地学的其他分支，如地震、物理探矿、地磁、空间物理、航天技术等研究，也都成为国内相应的科学主力军之一。他还为我国建立了海浪方面的研究。

现在科学院的大气物理所、兰州高原大气物理所、空间物理所、地球物理所、前空间中心以及地震局的地球所和前七机部五院的512所等研究单位，都是从"文化大革命"前的地球物理所分出而发展起来的。海浪工作则转到了科学院海洋所，成为该所海洋物理的生长核心。由此可见，赵九章对我国新中国成立后地球科学事业的发展起了关键性的作用。

他对我国空间科学和航天技术方面的贡献也是突出的。他是我国空间科学的奠基人之一。1957年10月4日苏联发射了世界上第一颗人造卫星，同年底科学院就组织了卫星工作组，他任常务副组长，由此开始了我院同时也是我国的空间科学和卫星技术方面的研究、组织工作。除从各临近学科抽调精干科研和技术人员组成工作班子之外，他还在科技大学创办了包括遥感、遥测、大气物理和空间物理专业在内的地球物理系，亲自兼任系主任，讲授空间物理学，为我国培养了大批大气物理、固体地球物理和空间物理方面的科技人才。还写出了我国第一本《高空物理学》（上册）。他在地球所内还亲自领导一个研究组，开展空间物理的科研工作。他抓住空间物理的主题，如辐射带太阳风、日地关系等等，在短短的几年内写了近20篇论文，为我国空间物理学的研究奠定了基础。

发射人造地球卫星，首先要在地面上的空间模拟实验室模拟卫星进入空间后遇到的种种物理状态。我院这方面的实验室都是在他领导下建立起来的。1965年初他给周总理写信，建议开始人造卫星的研制工作，获得批准。这样，我国的人造地球卫星研制工作才迈出了重大的第一步。

三

赵九章于1938年回国后就担任了当时西南联大气象系教授，后为系主任；任气象所所长之后还在当时的中央大学教课；兼任科大地球物理系主任后又在科大授课。无论是在这些学校里，还是在研究所里他都非常注意对青年学生的培养。他手下出了大批优秀科技人才。不少曾直接受他教导或随他进行科研工作的学生，都对我国气象学、空间科学或其他科学做出了贡献。直到现在，还有不少他的学生在科研领导岗位上发挥着重要作用。他在培养人才方面有三点值得后人学习。其一，他用人、培养人不拘一格。举几个例子，1951年地球所招进了一小批高中毕业生，他丝毫没有看不起他们，而是大力加以培养。在他们当中有现在的国家气象局气象科学研究院院长周秀骥，赵九章先将他送进北京大学学习，后又送苏联培养。地震局地球所副所长许绍燮和对地震仪器制造有重要成绩的张奕麟等也都是这批的高中生。陈建奎原是地球所一名普通工人。赵九章发现他非常好学，常在进行自学，认为是可造之才，就和清华大学领导联系，送他到那里就读并毕了业。陈建奎现已成为我院的科技骨干。其二，他非常爱才。有才华的人就给予特殊培养和照顾。现任大气所所长曾庆存从苏联学成归国后，他就关照我要千方百计地把曾庆存要到大气所工作。曾庆存来所后，一度身体不好，他关照所里给予特殊照顾。现任海洋局预报中心主任的巢纪平和已故的著名科学家顾震潮以及其他同志都受过赵先生特别关照。其三，他能鼓励并倾听学生发表不同意见，在学术上不固执己见，尤其赞赏能在学术见解上驳倒他的学生，这真是难能可贵。他之所以能为我国培养训练出大批优秀人才，和他的这些优良品质是分不开的。每当接待青年时，总是用旧中国科学事业之落后和新中国科学事业之亟待发展，鼓励青年们为祖国科学事业贡献力量。

他的榜样激励着我们和青年们为祖国的科学事业努力奋斗，为祖国的发展而不断前进！

来源：《中国科学院院刊》1989年第3期。

金句摘抄：

其一，他用人、培养人不拘一格。……其二，他非常爱才。有才华的人就给予特殊培养和照顾。……其三，他能鼓励并倾听学生发表不同意见，在学术上不固执己见，尤其赞赏能在学术见解上驳倒他的学生，这真是难能可贵。

曾庆存

(李世刚、李世东绘)

曾庆存（1935— ），广东阳江人。气象学家、地球流体力学家，中国科学院院士。1956年毕业于北京大学物理系。1961年获苏联科学院博士学位。曾任中国科学院地球物理研究所、大气物理研究所研究员，大气物理研究所所长、中国气象学会理事长，中国科学技术协会副主席。长期在大气环流，季风系统及其动力学、全球气候和环境变化等领域开展研究，为数值天气预报和气象卫星遥感的发展做出了开创性贡献。1978年获全国科学大会奖三项，1979年被评为"全国劳动模范"，获1987年国家自然科学奖二等奖、2005年度国家自然科学奖二等奖，获1995年度何梁何利基金科学与技术进步奖，获2019年度国家最高科技奖。

谈谈教学和科研

曾庆存

一、怎样上好一门课

一个老师，怎样才算好老师，不能单看他给学生们灌输了多少知识，关键是要看学生学到的方法有几手，能力提高了多少。一个老师，应该懂得：

1. 只有方法，才是解决问题的金钥匙。老师上课，不仅是传授知识，还要传授研究问题的方向和方法，要让学生多学到几手"武艺"。古时候，有一个乞者向剑仙吕洞宾乞讨，吕洞宾用手点石成金，递与乞者，乞者不受。吕洞宾奇而问之，澄澄黄金，你不收受，你却要什么？乞者说，我要你的指头。这也就是说，方法胜过现有的财富，只有让学生学到几手真正强有力的"武艺"，遇到的问题才能解决，科学才会向前发展。

2. 讲课应讲基本的、成熟的理论。我们的老师应特别注意帮助学生打下牢固的知识基础，使之形成一个比较完整的知识结构，并且明确研究的方向和方法。如果在你上完你所讲的课程之后，学生没有上述感受，那么你是失败的。我们的老师要有为后辈着想的思想和严肃的精神，不要卖弄自己的学问，不要把不成熟的东西放在课堂上讲，只可以作为问题提请学生考虑。否则，就会有可能使学生形成错误的观点，以致在他以后的工作中或在担负讲课或编写教材中，在基层台站的实际工作中出现错误。事实证明：只要你把基本概念、基本原理、基本方法讲清楚了，学生是一定能有所收获的，并且会在今后的研究和工作中起作用的。

二、怎样做科研工作

作为一个老师应该在教学的同时进行一些科研活动，使两者有机地结合起来，互相促进、互相提高。我们是气象工作者，对于大气中的问题，我们不仅要能很好地定性解释，而且还要确切地用理论加以证明和描述，使天气和动力学紧密结合起来。如何在实际中去研究气象课题呢？这里大致可以分为四个阶段：

1. 选题。选题的好坏是你科研成败的一半。我们应该从两个方面去选题。其一，从实际问题中找课题。搞数值预报的要从数值预报中找课题，搞天气的要从天气系统中找课题。总之，一定要从实际出发，不要跟着外国人跑，也不要跟着前辈跑。比如拉普拉斯潮汐方程分别有三种波动，但没有人注意"罗斯贝（Rossby）波"。罗斯贝却抓住了它，前人丢掉的东西他捡到了；苏联的朗道在研究等离子体问题时，抓住了前人忽略了的黏性，结果得到了等离子体的朗道效应。因此在选题时尽管是很小的问题（实际上有时可能是很重要的问题）也不要放过。要有自信心，要坚持下去，不要怕别人笑话，但是千万不可钻牛角尖。其二，从理论系统中找课题。事实上，实际当中长时间没有解决的难题不少。但要注意到你所要研究的理论问题有没有运用价值，适应不适应实际问题的需要。只要注意到它们，你的研究成果才富有生命力，否则只能自生自灭。这里要引起注意，千万不要硬套别人的方法，千万不要把问题搞得包罗万象，千万不要搞成脱离实际。

2. 抽象。在进行研究的这一阶段，就是要把问题抽象成为动力学问题或数学问题。重要的是去粗取精。去掉不必要的，抓住影响大方向的因素，抽出问题的主要物理过程。首先要有一个大轮廓，切不可随意和急忙拿书本上现成的模型去套对象，但是可以作某些猜测。形成这个过程不是一两天的事情，可能一年、两年还摸不到边。但只要问题提得正确，总能找到问题的主要物理过程。

3.命题。有了一个大致的思路后,就应当列出问题的物理假定和物理内容,列出可用的数学简化方法,从而形成一个数理问题,亦即动力学的命题。

4.解题。这个阶段也就是具体的研究阶段,可以分成四步走:

(1)进行理性检验。看看列出的动力学问题有无矛盾、合不合理?如有,应加以改进。并且在检验当中,注意找出问题的一些基本性质。

(2)用逻辑与推理的方法,从已知的推断未知的。这里,物理直观起着先导的作用,如果物理上钻得透,则问题的处理方法十得七八。当然最后解决问题还要靠数学。这个过程具体说来就是:

①问题看看是否有现成的数学方法求解;

②问题看看是否可以作出某些修正后用现成的数学方法(大部分问题就是这样),但不要为了凑解答而乱改物理问题;

③如果没有上述的方法去解答问题,那就要硬着头皮去解,去创造。说穿了,你解决不了问题,说明你的手段不高明,没有能耐。实际中存在的事物总有它存在的道理。或许为了解决某一问题,使得你青春耽误,这也没有什么可苦恼的。遇到难关,可以先把它放下,去"磨刀擦枪"。苏联气象学家基别尔曾说过:不要害怕数学。如果你把问题提出来,提得正确,肯定有数学方法来解决。一时解决不了,可以十年、二十年,总可以解决,贵在坚持。

(3)要对结果进行认真讨论,越多越好。这可以使你看得更远、更深,并且可以预言将来。理论分析可以看到你眼睛能够看到的,还可以看到你眼睛所看不到的。麦克斯韦尔就是这样得到电磁波的。但是切不可牵强附会,推不到的东西不要打马虎眼。

(4)本着实践是检验真理的唯一标准的态度,实实在在地把研究结果拿到实际工作中去。一方面检验它是否正确,另一方面看看它实际运用的价值如何。这个过程是必不可少的。

在讲完上述问题后,我想向同志们诚恳地作点临别赠言:

在工作中，在学术上，我们要迎着困难上。我们很落后，我国的气象、海洋、环境科学也很落后，不承认这点不行。我们不光是仪器设备落后，更主要的是知识老化。希望大家下决心把我国的天气、动力气象搞上去，我寄希望于大家。

同志们要认真学习，不要做假学问，要做真学问。要有一个崇高的理想：为人民服务。我还是要谈这个问题。古今中外成大事业者无一例外，都是为人民服务的。没有这种精神搞不了科学事业。你们当研究生的要比待业青年强得多。目前社会上有很多人上不了大学，难道他们个个都笨吗？要知道，考试是有机遇的。你们是幸运的，要珍惜学习的机会。要把名利看得像浮云一样，做一个真正的科学工作者。

希望同志们打牢基础，根深叶茂，果实累累。但人也有幸运与不幸运之分，也可能根深叶茂而长不出果子。但你不要哀叹，努力地去干！虽然你没有果子，但为后人铺平了一条道路。事实上，很多人都做了铺路石子，这同样也是很可贵的。当然，我并不是希望大家碰到恶劣气候而长不出果子来。

最后，我奉送给大家六个字——勇敢、严谨、坚韧。

来源：《攀上珠峰踏北边：曾庆存院士谈做学问和搞科研》，吴国良等编著，中国科学技术出版社2005年版。

金句摘抄：

只有方法，才是解决问题的金钥匙。老师上课，不仅是传授知识，还要传授研究问题的方向和方法，要让学生多学到几手"武艺"。

王守武

（李世刚、李世东绘）

王守武（1919—2014），江苏苏州人。半导体物理学家，微电子学家，中国科学院院士。1941年毕业于同济大学机电系。1949年获美国普渡大学博士学位。1950年入中国科学院应用物理研究所工作，曾任中国科学院半导体研究所副所长、中国科学院109厂厂长、全国半导体测试中心主任。毕生从事半导体材料、半导体器件及大规模集成电路等方面的研究与开发，取得多项突破性、开创性成果。1978年获全国科学大会奖，1979年被评为"全国劳动模范"，多次获中国科学院科研成果一等奖、科技进步二等奖，1987年获国家科学技术进步奖二等奖，获2000年度何梁何利基金科学与技术进步奖。

为了无愧于历史和人生
——寄语研究部的青年人

王守武

1996年飞快地赶到了，21世纪已近在眼前。时间对于每一个人都是公平的，几年以后，无论你是快速奔跑，还是溜溜达达，抑或是被人推着，都将进入新的时代。

世界范围内的科学技术高速发展的状况已经毫不留情地呈现在我们眼前。而我们中国，这个曾经拥有五千年辉煌文明史的国家，却不幸地落伍了。面对这样的形势，作为华夏子孙，作为老一辈的科技工作者，我们的心情是多么焦急。

科技的竞争是残酷的，我们的国家要生存，我们的民族要生存，就必须坚持改革开放，抓紧不多的时间，迎头赶上。说到科技的竞争，实际上是人才的竞争，是民族素质的竞争。我们的科技水平要想赶上和超过发达国家，就必须培养和造就成百上千万有思想、有知识的青年人。你们才是民族和国家的希望。

青年人要成才，需要不断地学习、锻炼，要谦虚谨慎、戒骄戒躁，既要学习世界上先进的科学文化，又要学习老一辈科学家们丰富的理论知识和工作经验。"天将降大任于斯人也，必先苦其心志，劳其筋骨，饿其体肤"。要勤奋、刻苦，明知学海泽阔，偏要竞舟苦渡，与惊涛搏击，历尽艰险，矢志不移，这才是青年人应有的精神。

因此，在新的一年到来之际，我殷切地期望，我们微电子中心的青年人，好好学习，努力工作，为了振兴中国的微电子事业，多一些奉献，少一些得失，无愧于历史，无愧于人生！

来源：《王守武院士科研活动论著选集》，郑厚植、仇玉林主编，科学出版社1999年版。

金句摘抄：

要勤奋、刻苦，明知学海浩阔，偏要竞舟苦渡，与惊涛搏击，历尽艰险，矢志不移，这才是青年人应有的精神。

保铮

（李世刚、李世东绘）

保铮（1927—2020），江苏南通人。电子学家、雷达技术专家，中国科学院院士。1953年毕业于解放军通信工程学院（现西安电子科技大学）并留校任教。曾任西安电子科技大学校长。毕生致力于雷达与信号处理领域的科研和教学工作，主持研制成功国内第一台微波气象雷达，发明测定埋地电力电缆故障点的"冲击闪络法"等，在空时二维信号处理、合成和逆合成孔径雷达成像等领域作出杰出贡献。1978年获全国科学大会奖，多次获国家科学技术进步奖二、三等奖和部级一等奖，1992年获光华科技基金特等奖，获1999年度何梁何利基金科学与技术进步奖等。

努力学习　继往开来

保铮

1949年9月，新中国成立前夕，我来到大连，就读大连大学工学院。当年同时考取了几所大学，最后选择了大连大学，主要原因有二：一是从高中开始，有一种"科学救国"的热情，而面对残酷的现实又感到前途渺茫。家乡解放虽只有半年多，共产党和人民政府使我看到了光明，看到了希望，相信在解放区建立的大学里，能学到更多的东西。二是该校有一批名师，都是在解放军渡江前，辗转进入解放区的。此外，家庭经济困难也是个原因，因为大连大学的学生可享受供给制待遇。

开课后，我抱着求知的渴望去听课，几堂课下来，我感到收获比我预想的还大。此前，大学普通物理和微积分我都学过一些，物理课毕德显老师等对问题阐述之深刻，常使我有茅塞顿开之感。我觉得奇怪：这些内容，我看过不少书，为什么我就体会不到呢？于是，我改变了听课方式：不记笔记，专心听讲，下课后对一些重要的概念多找参考书对比着深入思考。当时同学间的讨论也很多，常为一些学业上的问题争论很长时间，许多问题在争论中搞得更加清楚。

我们是大连大学的首届学生，几位名师给我们上过多门课，最使我难忘怀的是毕德显老师，继一年级讲授普通物理后，二年级的电磁场理论，三年级的微波技术和四年级的天线都是他亲自讲授的，四年下来，全班同学都对毕老师十分敬佩，不仅由于他学识渊博，他高尚的品德、严谨的学风一直是我们学习的楷模。

当时学校实行课代表制,我是前两个课程的课代表,与毕老师有更多的接触,这也给了我更多向他学习的机会。毕老师总是平等待人,亲切地和大家讨论问题,启发大家的思路。当有人提出新的想法时,他总是予以鼓励,并发动大家讨论、修正、补充,直至得到正确的结论,从而激发了大家的学习兴趣,也鼓舞了敢于创新的精神。

大连大学工学院非常重视理论联系实际。学校开办之初,就花大力气建设了几个实验室。当时王大珩老师是物理系主任,他没有开课,而是负责筹建实验室,并亲自指导"碰撞"的力学实验,同学中流传着难过"碰撞"关的说法。王大珩老师在学生做实验时坚守岗位,寸步不离,对学生的实验不加干预,其实整个过程他一清二楚。实验做完后要经指导老师审查实验记录、签字后,才能结束。记录报告交上去经王老师仔细审查常常得到的是"不对"两字,怎样不对是不加说明的。于是,小组的两个人拿了被打回的报告,反复研究,重新实验。一而再,再而三,还是"不对"的情况是屡见不鲜的。我们班的实验课排在星期六下午,四个小时做不完只好推迟晚饭,王老师陪着;星期六晚上有电影,电影看不成,王老师也陪着。星期天见到"过关"的同学,常用"看上电影没有?"作为对同学的关心。严师出高徒,后来我们同学都很重视实践,有较强的实际工作能力,这与当时学校和老师的严格要求是分不开的。

1952年学校调整,电讯系全体师生随毕德显老师到了张家口通信工程学院,从此我也光荣地成为人民解放军的一员。当时来大连动员我们参军的是孙俊人老师。孙老师时任军委工校一部主任。军委工校分三个部,一部为通信工程部,设有无线和有线专业,准备新建雷达专业。孙老师动员的内容我已经记不清了,因为那时青年学生报国热情很高,参军是求之不得的事。但是,对孙老师和蔼可亲深入群众的作风,我至今记忆犹新。孙老师作动员报告后在大连工学院住了相当长的时间,了解思想动态,找人促膝谈心,深入到教师家中做思想工作。有一天他来到我们宿舍(当时的宿舍又是自习室),介绍军校学生的学习和生活,坦述张家口的实际状况,勉励我们要在艰苦条件下锻炼成长。我们请他对我们宿舍提点意见,他说："房子不错，至于生活管理，说客气些，不怎么样，说老实话，很糟糕；你们到张家口后会看到，虽然房子很简陋，但内务管理井井有条。"他勉励我们要克服自由散漫的习气，加强纪律性、组织性的锻炼。这是我参军前接受到的第一堂革命传统教育课。

到张家口军委工校后，生活条件比我们想象的还要艰苦，吃饭是在室外蹲在地上，塞外风大是有名的，大风夹着的沙石常撒到饭碗和菜盆里。六七个人挤在小平房的木炕上睡觉，翻身都有困难。厕所在室外，离宿舍有四五十米远，塞外严冬最低温度达零下 20 多度，夜间如厕，裹着皮大衣，牙齿还直打战。孙老师对我们的学习和生活十分关心，他常来我们班听课，和我们谈学习，也谈生活。他说现在的生活比较艰苦，但比过去已经好多了，新中国刚成立，国家还很穷，你们体验体验艰苦生活，多了解国情民情，对今后工作有好处。孙老师语重心长的谈话，我一直铭记在心。后来孙老师调中国人民解放军通信兵部工作离开了学校，但他对学校十分关心，常来学校指导工作。

1953 年 7 月我们从学院毕业，我和另外 4 位同学留校在毕德显老师身边工作。当时师资力量严重不足，特别是新建的雷达专业，课程和实验建设任务很重，新来的人很快上岗。毕业后我立即参加了辅导工作，第二年还讲授了部分课程。任务虽然繁重，毕老师对我们几位年轻人的培养是十分精心的。我每学期除教学任务外，同时有一半时间在实验室工作。20 世纪 50 年代初，我国的电子工业基本上是空白，为了开出雷达专业基础的实验，有关仪器还要自己制作，当时分配我的任务是改造脉冲示波器和电子开关，以及几个脉冲技术和微波技术的实验。经过两年的努力，建成有相当规模的微波和脉冲实验室，而我经过这一番锻炼，实际工作能力有了很大提高。回想起来，在后来的工作中，人家认为我解决实际问题能力较强，这固然是由于我一直没有离开实际工作，但与早期有较好的基础是分不开的。

毕老师对我们进一步学习提高也抓得很紧。当时西方国家对我国封锁，英文资料很少，能得到的主要是俄文书刊和资料。我们虽然在大学时学过俄文，但很不熟练。毕老师分配我们翻译几本俄文教科书，通过翻译工作，俄文阅读能力得到很大提高。当时我们只是本科毕业，数理基础是薄弱的，毕老师虽然工作十分繁忙，还是亲自给我们讲"原子物理学"，并指导我学习概率论和随机过程。他还教导我们要注意学科的新发展，组织了"信息论"研讨小组和研讨班。当时学校的环境是相当封闭的，但毕老师十分重视学术交流，他设法创造条件使我们多与外界接触，组织我们外出参观学习，以及写文章在刊物和会议上发表。在他的指导下，我们与国内相关科技部门的联系是密切的，这对扩展我们的视野，根据科技新的发展和国家需要以确定努力方向是十分必要的。这是我们成长发展的一个重要环节。

我是在国家第一个五年计划开始时参加工作的。新中国成立，中国人民从此站起来了，国家建设的迅速发展使我深受鼓舞，下决心在自己的工作岗位上做好工作报效祖国。当时虽然生活条件还比较简陋，但工作和学习条件还是不错的，既有名师指导，我们年轻人的工作和学习热情也很高，学习气氛很浓。在这样的环境下，我对科学技术产生了浓厚的兴趣。

"文化大革命"期间我下到供电局电缆班，跟随工人师傅检修埋地电力电缆。出人意料的是工人师傅对我们下去很欢迎，当他们得知我们是搞电的（其实我对电力是外行，只有一些电工的基本知识），碰到技术问题常来找我们。电缆班最大的问题是埋地电缆故障的定位，当时采用的方法是先"烧穿"，即用高电压、强电流将故障扩大而形成低的电阻通道，然后用仪器定位。烧穿经常要用几天，甚至十几天。许多大的工厂都用埋地电缆供电，而电缆故障停电使工厂损失很大。因而提出能否不经"烧穿"对故障定位的问题。我通过一段时间跟班劳动，了解到故障点在冲击电压作用下会产生闪络，闪络产生的电压突变会形成电波在电缆中传播和反射，如果能将传播和反射过程的信息取出，就可获得故障点到端点的长度。于是，我提出了用闪络方法测定故障点位置的新方法，并制成相应的仪器，通过试验和改进，于1971年夏投入使用，使埋地电力电缆故障定位的全过程由几天缩短为半天，实际上用闪络法做粗测的时间只要几分钟。

新方法的研究成功解决了电力系统的一大难题。原来西安供电局经常积压着一批故障等待处理，原因是对故障定位太费时间。新仪器制成后在短短几天里将积压的问题一扫而空。为了完善测试方法和仪器，还主动去找用户，两个月内探测了十几个故障。随后，除了在西安本地，还在华北和西南等地寻测过一百多次电缆故障，全部成功。事前我们曾查阅国内外资料，没有见到过这种方法的报道，直到1974年才从国外刊物上看到有类似原理的文章发表。这种电缆故障定位法至今仍在供电部门广泛应用。这一新方法后来还以"电缆神探"为名拍成科普电视片。

对这一成果我是很满意的，从中我也受到启发：像我这样主要从事应用基础研究的人，如果不密切结合实际，只是关在书房里苦思冥想，是很难有所成就的。我在后来研究工作中更注重结合实际，经常到有关工厂、研究所和部队去，为他们解决了一些问题，同时自己也学到许多书面上学不到的东西。后来有人问我："当时考虑过自己的处境和身份没有？"的确没有考虑，能有机会用自己掌握的知识对社会做些贡献是很大的乐趣。为科研攻关，当时我搬到工作间去住，夜以继日地工作了几个月。

1972年我又回到学校，并担任教研室副主任。1973年秋，我正在"干校"学习（实际是在农场劳动），学校突然通知我去南京参加一个有关新雷达研制的会议，当时我已经很久没有参加这样的会议了。原来会议的内容是讨论研制一种新的雷达信号处理器。当时民航从法国进口了一种新的航管雷达，其中有数字动目标显示处理器，功能是从雷达回波中消除固定杂波（如山和大的建筑），只把所需的动目标（主要是飞机）显示出来，这是航管雷达的一个重要部件，法国只卖给我们雷达，而对该处理器禁运。会议讨论能否自己研制该处理器。处理器虽然禁运，但在该雷达的使用说明书里有处理器的方框图和简单说明。会议倾向于进行仿制。当时我对它进行了分析，认为其采用的方案不尽合理，没有必要将问题复杂化了，性能并不好，而且不利于后续发展（后来的事实证明我当时的看法是正确的，在国外也没有再使用这种方案的处理器）。我认为数字动目标处理器是很重要的。由于"文化大革命"的干扰，国内雷达技术的发展停顿了许多年。而在这些年里，国外的雷达里已广泛采用数字技术，信号处理器是其应用的主要方面。数字动目标显示处理器不仅可用于进口的航管雷达，而且能用以改造国内现有的雷达，应考虑通用性。第一步可简单一些，但应考虑到后续的发展，方案要有可扩展性。当时四机部科技司同意了我们的意见，下拨了经费。我们在教研室里成立了专门的研究小组。通过一年多的努力，用国产器件于1976年研制出数字动目标显示器的样机，效果良好，于1977年召开的雷达会议上作了现场演示，对推动数字技术在国内雷达的应用起到了一定的作用。

党的十一届三中全会使国家建设开启了新的一页。我国教育和科技事业迎来了新的春天。二十世纪八十年代初，我担任学校的副校长。当时我已年过五旬，深感在"文化大革命"十年中，业务荒废了，且这十余年又是国外信息科技飞速发展的时期，为了今后能在工作中发挥一定作用，还须急起直追，在跟踪国际先进科技水平上下一番工夫，希望能有几年专心搞学术工作。我的想法得到毕德显老师的支持，电子部领导同意我回基层工作。我虽然回到基层只有两年多的时间，但深感受益匪浅，同时与同志们一道为我们实验室的发展和学科建设打下了较好的基础。

1984年秋，电子部又任命我为西安电子科技大学校长，而我自认为自己更适合搞学术工作。毕德显老师教导我以工作为重，勇于把担子挑起来，依靠组织，依靠群众，努力开创学校新局面。在我任校长期间，见面时他总是先询问我校工作情况，并鼓励我努力进取。

科教兴国，科技强军，事业的发展要依靠科技，科技的发展要依靠人才。作为高校的科研机构更应把人才培养放在重要地位。从1978年开始，我们结合科研工作培养硕士生，然后又培养博士生，现已培养博士60余名。多年来，博士生已实际上成了我们研究所的重要科研力量，许多博士生在三到四年的学习期间，对科研任务作出显著成绩，同时通过实际科研的锻炼，知识和能力都有明显提高。不少毕业生已成为所在单位里的青年科技骨干。

来源：《科学的道路》（下），中国科学院院士工作局编，上海教育出

版社 2005 年版，并综合了保铮院士的另两篇文章《毕德显老师永远活在我们心中》和《孙俊人老师指引我成长》的部分内容，由保铮院士之子保宏和中国科学院自然科学史研究所郭金海研究员整理。

金句摘抄：

像我这样主要从事应用基础研究的人，如果不密切结合实际，只是关在书房里苦思冥想，是很难有所成就的。

严加安

(李世刚、李世东绘)

严加安（1941— ），江苏邗江人，数学家，中国科学院院士。1964年毕业于中国科学技术大学应用数学系。毕业后入中国科学院数学研究所工作，1985年晋升为研究员。1973—1975年在法国斯特拉堡大学高等数学研究所进修。主要从事随机分析和金融数学研究，在鞅论、随机分析、白噪声分析以及金融数学领域有重要贡献。获1993年国家自然科学奖二等奖、2006年度何梁何利基金科学与技术进步奖。

博观约取 厚积薄发

严加安

我从小爱好数学，1959年从江苏省镇江中学毕业后考取中国科学技术大学应用数学系，1964年大学毕业后到中科院数学所工作。还在"文化大革命"期间的1972年，我国外交部与来访的法国外长签订了选派10名中国科技人员去法国进修的协定，我有幸成为入选者之一。我去的是斯特拉斯堡大学高等数学研究所，我庆幸遇到对我日后影响很大的老师迈耶（Paul-André Meyer）教授，开始了我的数学研究生涯。下面谈谈我40多年来学习和研究数学的一些经验和体会。

一、打好基础，练好基本功

我就读的中国科学技术大学是1958年由中国科学院创办的，学制为五年，前三年学基础课，后两年学专业课。应用数学系的教学主要由科学院数学所的研究人员担任。基础课由一名老师主讲，俗称"一条龙"。58级、59级和60级分别是"华龙"（华罗庚）、"关龙"（关肇直）和"吴龙"（吴文俊）。关老师给我们讲授了数学分析、线性代数和泛函分析。关老师是泛函分析专家，他的泛函分析课讲得尤为深入浅出，我从中不仅学到了专业知识，而且受到了泛函分析这门数学分支探求数学的一般性和统一性的思维方式的熏陶。现在回忆起来，深感当年在大学里做大量习题是练好基本功的关键。在解题过程中不仅培养了我的刻苦钻研的毅力和执着精神，还培养了我的求新求异的创新意识。我在大学三年级第一学期就写了一篇题为《对最速下降法的改进》的研究论文，受到关老师的称赞。在大学四年级，我又写了《随机函数的构造》和《统计判决函数》两篇论文，并在1963年10月中国科大五周年校庆科学讨论会上做了报告。我写的一篇介绍学习经验的文章《从学习上有无窍门谈起》也被入选编进了校庆五周年征文《向科学进军（学习方法专辑）》一书。我在大学里打下的泛函分析基础使我终身受益。例如，我在1980年的一篇论文中将泛函分析中的凸集分离定理灵活应用到了一类由可积随机变量构成的凸集的刻画。这篇论文不仅在当时就被用于简化了半鞅刻画定理的证明，而且在10年后成了金融数学中证明"资产定价基本定理"的一个主要工具。该论文至今还常被金融数学文献引用。

我认为：学习任何一门数学分支，首先就要打好基础，练好基本功。所谓基本功，就是对基本概念和主要定理的理解和灵活应用，以及对主要定理证明技巧的掌握。我对硕士生的培养非常强调打好测度论和概率论基础，要求学生不要急着做论文，直到第三年才指导他们做学位论文。我常用"工欲善其事，必先利其器"这一格言劝导学生打好基础，练好基本功。

二、导师领进门，成才在个人

1971年9月"林彪事件"后，周总理主持中央日常工作。在周总理亲自过问下，1972年外交部与来访的法国外长签订了选派10名中国科技人员去法国进修的协定，我有幸成为入选者之一，其余入选者中有中科院物理所的王震西（1997年当选为中国工程院院士）和化学所的蒋大智，北京大学数学系的王耀东和物理系的杨应昌（1997年当选为中科院院士）等。我们一行10人于1973年4月来到法国，在接受了9个月的法语培训后分别被派往各自的进修单位。我去的是斯特拉斯堡大学高等数学研究所，迈耶教授是我的指导老师。当年迈耶教授才39岁，但已是国际著名的概率学家，斯特拉斯堡概率学派的创始人，现代鞅论和随机过程一般理论的主要奠基者。我去斯特拉斯堡时，他正和德拉歇利（Claude

Dellacherie）教授合著《概率与位势》多卷著作的第一卷，他把打印好的手稿给我读，其中第二章是有关解析集论的，这是现代概率论的一个重要基础。我在两个月内，不仅学懂了有关内容，还发现可以将 Souslin 集论从经典的拓扑形式推广为可测形式，并写出了论文，后来迈耶教授按照我的论文对书中的有关内容进行了改写。

1975 年 7 月我从法国回国。回国后我继续从事鞅论和随机分析的研究，先后完成和发表了《局部鞅分解引理》（1977）、《数鞅一致可积性准则》（1980）、《随机积分的初等定义》（1980）和《一类 L-凸集的刻画》（1980）等有较高学术价值的论文，并将我在法国学到的现代鞅论和随机过程一般理论写成专著《鞅与随机积分引论》，于 1981 年由上海科技出版社出版。该书系统介绍了当时国际上该领域的最新进展，后来国内许多大学都用我的这本书作为研究生的概率教材。

三、博观约取，厚积薄发

如何做学问，我遵从的原则是宋朝大文学家苏轼的名言："博观而约取，厚积而薄发。"这里的"博观而约取"是指"在博览群书时要汲取书中的要领和精髓"，这与华罗庚先生所倡导的关于读书要先"从薄到厚"再"从厚到薄"是同一层意思。这里"薄发"的原意是"不要随便发表意见"。后人把"厚积薄发"引申为"从大量的知识或材料积累中提炼出精华部分再著书立说"。我的座右铭是：不求著作等身，但企文章久远。就是说，我不追求文章的数量和篇幅，而注重文章的质量，力求解决一些基本问题，能够对有关研究领域做出实质性的贡献，希望发表后能得到同行关注和引用，最大的愿望是某些结果能够长远留存下来。令我感到欣慰的是，我在概率论和鞅论中有几个结果实现了后一目标。我有几篇上世纪 80 年代发表的论文至今还被文献引用，已有 30 多部国外专著（不包括我本人的国外专著）引用了我的论文或著作（或列在参考文献中）。

为了给研究生打好测度论和概率论基础，我专门为研究生编写了《测度与积分》讲义。该讲义于 1988 年由陕西师大出版社出版，后经修改和补充于 1998 年作为中国科学院研究生教学丛书由科学出版社出版，更名为《测度论讲义》，2004 年出了第二版。该书被许多大学用作研究生教材，受到学生的普遍欢迎。我在编写这部讲义时也遵从了"博观约取"和"厚积薄发"的原则，我看了好几本国内外有关测度论的专著，汲取了其中的精华部分，同时还把自己在科研中感到最有用的测度论结果写进了书中。我认为给学生讲课也应遵从"厚积薄发"的原则。要想讲好一门课，就需要掌握比讲解的东西多得多的知识。

四、直觉、想象和灵感是科技创新的催化剂

做科研工作要力求创新，如何才能做到这一点呢？我认为，创新的基础在于长期的知识积累，但更需要有丰富的想象力和敏锐的直觉。正如爱因斯坦所言："想象力比知识更重要"和法国数学家庞加莱所言："我们靠逻辑来证明，但要靠直觉来发明"。想象和直觉是一种形象思维。在数学发展史中就有许多凭想象和直觉来创建新理论的生动例子：欧拉受解决柯尼斯堡七桥问题的启发引进了现代数学中的拓扑学的概念；欧拉从现实生活中的极大和极小问题提炼出数学问题和解题技巧，创立了"变分学"这一新的数学分支；贝努利从儿童游乐场滑梯的设计提出并解决了著名的"最速下降线问题"。关于创新，我有一个格言：科技创新犹如化学反应，知识是载体，直觉、想象和灵感是催化剂。

长期的知识积累、丰富的想象力和敏锐的直觉是创新工作最重要的准备。除此之外，还要有其他的准备。首先，要对研究的问题有浓厚的兴趣，要全身心地投入，并对解决问题有强烈的愿望；其次，对别人在相关问题获得的新结果要尽量去了解，要善于将不同结果进行对比；第三，要重视与同行讨论和交流。我的体会是，在与别人讨论问题时可以彼此激发灵感，有时别人对你的某个想法所做的不经意的评论可能启发你的新的思路，使你产生顿悟。

五、创造产生机遇的环境

做出创新成果也需要有机遇，但机遇只施惠于有准备的头脑（巴斯德语）。"机遇是可遇不可求"的说法值得商榷。我认为在一定条件下可以人为地去创造产生机遇的环境。我的做法是：为了保持研究活力和对研究问题有新鲜感，我每隔一段时期就改变自己的研究领域。在新领域里机遇就会多一些。在改变研究领域的过渡期内，我往往也同时研究几个相关领域。从 1973 年到 1984 年我主要从事鞅论和随机过程一般理论的研究。20 世纪 80 年代初，正是白噪声分析理论初创时期，我于 1985 年在斯特拉斯堡大学高等数学研究所访问时，迈耶教授建议我关注这一新领域。由于我有较好的泛函分析基础，很快进入了白噪声分析领域，并做出了一些基础性贡献。我和迈耶教授合作提出的白噪声分析数学框架被文献称为"Meyer-Yan 空间"，并被国际上权威的《数学百科全书》引述。从 1985 年到 1995 年我主要从事白噪声分析研究，同时也研究鞅论和随机分析。1994 年我应邀在阿姆斯特丹召开的"随机过程及其应用"国际会议上做大会报告。我报告的内容是白噪声分析在费因曼积分中的应用。会上有两个邀请报告是有关金融数学的，都引用了我前面提到过的 1980 年的那篇文章。在得知随机分析在金融数学中的重要应用后，从 1995 年起我就主要从事金融数学研究，并培养这一方向的博士研究生。

六、提高文化素质和思想境界

做学问除了要提高自己的专业素质外，还要提高自己的文化素质。爱因斯坦有名句言："物理学给我知识，艺术给我想象力。知识是有限的，而艺术所开拓的想象力是无限的。"爱因斯坦在这里所说的"艺术"不是指文学或美术的艺术，而是指"思维的艺术"，是创造性的形象思维方式，是一种"人文文化"。"科学文化"与"人文文化"的关系就是科学与艺术的关系。科学家的理论和艺术家的作品一样，都不可能是对客观事物绝对的和纯粹的反映或描述，而是对客观事物的某些特征的一种"模式化"的构思和思维的创造。一个有较高文化素质和艺术修养的人就能思路开阔，高瞻远瞩，富于联想，触类旁通。

做学问还有个思想境界问题。晚清国学大师王国维在《人间词话》中写道："古今之成大事业、大学问者，必经过三种之境界：'昨夜西风凋碧树。独上高楼，望尽天涯路。'此第一境界也。'衣带渐宽终不悔，为伊消得人憔悴。'此第二境界也。'众里寻他千百度，蓦然回首，那人却在，灯火阑珊处。'此第三境界也。"这里王国维借用晏殊在一首词里表达离情别意的词句来比喻开始做学问的人既踌躇满志又有些迷茫的心态；他借用柳永在一首词里表现刻骨爱情的词句来比喻做学问要有"锲而不舍、甘愿奉献"的精神；他借用辛弃疾在一首词里赞美一超凡脱俗女子的词句来比喻做学问要"淡泊名利，自甘寂寞，不随波逐流"。

据我个人体会，经常在闲暇时阅读一些诗词和名篇佳作或欣赏一些音乐、美术或书法作品，可以提高一个人的文化素质和思想境界，创作诗词更可以锻炼自己的形象思维能力。书法是我的一项业余爱好，我从欣赏名家书法作品中得到一种美的享受，从自己的书法习作中获得一种成就感。成为一个业余的书法作者是我余生的一项追求。

来源：《科学的道路》（上），中国科学院院士工作局编，上海教育出版社2005年版。

金句摘抄：

我的座右铭是：不求著作等身，但企文章久远。就是说，我不追求文章的数量和篇幅，而注重文章的质量，力求解决一些基本问题，能够对有关研究领域做出实质性的贡献。

后 记

科学家精神是科技工作者在长期科学实践中积累的宝贵精神财富，对于我国加快建设世界科技强国、推进高水平科技自立自强，具有重大的现实意义和深远的历史意义。

2020年春，在新冠疫情防控最吃紧的阶段，中国科学院科技创新发展中心、中宣部"学习强国"学习平台联合举办了"诵读科学经典 弘扬科学精神"活动。本书是在该活动基础上精选编辑而成的。感谢中国科学院给予的明确指导和有力支持，感谢中国科学院京区院所、"学习强国"等机构给予的大力协助。

时任中国科学院副秘书长、科技创新发展中心主任，现任中国科学院副院长、党组成员，中国科学院大学党委书记、校长周琪院士从活动启动以来，多次听取汇报、悉心指导，并提出了许多指导意见。时任"学习强国"学习平台总编辑、现任中宣部文艺局局长刘汉俊，"学习强国"学习平台副总经理杜大力、科教采编部召集人闫勤勤、科技与生态组组长吴婷对活动提供了有力支持。时任中国科学院北京分院分党组书记马扬对本书编写提供全方位指导和支持。中国科学院科技创新发展中心党委书记、主任聂常虹对本书的出版提供积极支持。中国科学院大学的贾宝余，中国科学院自然科学史研究所的郭金海、陈朴，湖南农业大学的史晓雷，中国科学院文献情报中心的何林、陈朝晖、郑康妮，中国科学院控股有限公司的徐治国，中国科学院植物研究所的周文晴等同志承担了全书编写工作。贾宝余具体负责活动统筹和全书组织策划，何林、贾宝余负责全书稿件统改定稿。何林、郑康妮等在联系版权授权书过程中，不辞辛劳，敬业负责。

后　记

中国科学院自然科学史研究所的张柏春、孙烈、王公参与活动前期策划和讨论。中国美术家协会理事李世刚、中国美术家协会会员李世东绘制了本书中的科学家肖像，中国书法家协会会员、中国科学院书法家协会主席崔承顺为本书封底题字。人民出版社编辑刘志宏以敬业负责的精神推动了本书出版。在此，向所有为本书的编写提供支持、帮助的机构和相关人士，特别是科学家本人及家属，致以诚挚的感谢！

　　需要说明的是，收录本书的文章，在文末注明了原始出处，部分未能查明原始出处的文章，注明了转载的出处。

　　本书难免存在疏漏和错误，敬请读者不吝指正。

本书编委会
2024 年 2 月